乡村规划建设实践系列

长峪城村

张建　阮智杰　赵之枫　主编

中国建筑工业出版社

图书在版编目（CIP）数据

长峪城村／张建，阮智杰，赵之枫主编．—北京：中国建筑工业出版社，2019.6
（乡村规划建设实践系列）
ISBN 978-7-112-23570-4

Ⅰ.①长… Ⅱ.①张…②阮…③赵… Ⅲ.①乡村规划—研究—市昌平 Ⅳ.①TU982.291.3

中国版本图书馆CIP数据核字（2019）第061088号

　　《长峪城村》以传统村落保护发展规划的实践项目为基础，全书共分为四章，第1章设城守国，主要讲述长峪城村悠久的历史文化和显赫的军事地位；第2章墙台庙房，重在挖掘长峪城村的空间特色和历史建筑；第3章物盛人丰，呈现长峪城村的民俗文化与生活图景；第4章古村新貌，通过规划编制成果描绘了长峪城村美好的发展愿景。本书供建筑学师生、传统村落研究者与爱好者阅读和参考。

责任编辑：唐　旭　吴　佳
书籍设计：京点制版
责任校对：李美娜

乡村规划建设实践系列
长峪城村
张建　阮智杰　赵之枫　主编

＊

中国建筑工业出版社出版、发行（北京海淀三里河路9号）
各地新华书店、建筑书店经销
北京点击世代文化传媒有限公司制版
北京建筑工业印刷厂印刷

＊

开本：850×1168毫米　1/32　印张：7⅛ 字数：202千字
2019年6月第一版　2019年6月第一次印刷
定价：**59.00** 元
ISBN 978-7-112-23570-4
（33841）

唯盼归燕识巢，乡愁永系

——"乡村规划建设实践系列"丛书序

缱绻乡愁，无尽春秋。

时光涌流，数十年的城乡变迁改变了太多人的生活。有人离开家乡，也有人留下来，守着世代生活的这片乡土。迁离的人即便远在天边，却常怀一份牵挂，不知哪刻便忽然想起一片农田、一座祖屋、一节往事，心头便浮上一抹惆怅。执守故土的人即便每日辛勤劳作，但逢闲时一段家常、一席便饭、一次团聚，也是惬意自得。乡愁无法被抽象地提取，因为它扎根在一桩桩的生活琐事里，生发在一缕缕纤细敏感的情绪中，不时地闪出一道道未经刻意雕磨的真实光泽，叫人动容。说到底，乡愁是一种情绪，能够承载这份鲜活情绪的，只能是在这片乡土大地上生活过的人。以往我们太过关注物质环境，却忽视了在此生活的人。想要领悟并留住这份乡愁，便要去接近这些人，了解他们的生活，感受他们的困顿或幸福。

常言道"春种一粒粟，秋收万颗子"。北京工业大学城镇规划设计研究所十多年来承担了大量与乡村规划有关的实践项目和研究课题，积累了非常丰富的经验。每一份规划成果的背后，都饱含着村民对未来美好生活的向往，也饱含着规划师的满心善愿和对规划编制技术的孜孜求索。

"乡村规划建设实践系列丛书"以实践项目为基础，以我国乡村地区现状问题为导向，聚焦社会治理与乡村发展的关系，统筹考虑乡村产业发展与农民增收，持续探索民居保护或更新的营建方法，研究商定务实的规划管理模式，并采用多样的规划成果表达方式，切实提高乡村规划的实用性，力求通过有效的规划介入来改善村民生活、提升乡村的人居环境质量。

最后，希望借由这套丛书，能多少记录下城乡变迁这一时代背景中的点滴时刻，以及正在经历这个过程并在其中努力付出的人们。

张建

二〇一六年 小秋新凉 北京

序

传统村落的守望者

传统村落传承着中华民族的历史记忆、生产生活智慧、文化艺术结晶和民族地域特色，维系着中华文明的根，寄托着中华各族儿女的乡愁。《北京城市总体规划（2016年-2035年）》提出，要加强大运河、长城和西山永定河三条文化带的整体保护利用，加强名镇名村、传统村落保护与发展。而长峪城村就是位于长城文化带上的北京首批44处传统村落之一。

长峪城村位于昌平区流村镇西山山脉中，两山夹峙一水南流，地势险要，城堡始建于明正德十五年（1520年），次年建成，并于五十多年后的万历元年（1573年），在旧城南侧添建了新城，形成南北分驻的双城格局，是长城沿线的重要节点。清代以后，功能转化，因城而村。村内有瓮城、戏台、庙房等物质遗存，还有历史风貌保存良好的民居建筑，以及社戏、灯会等传统民俗的非物质文化遗产。在抗日战争期间，这里是南口战役的重要战场，中华儿女浴血杀敌，留下了可歌可泣的红色革命文化遗产。周边的山体植被和长城景观为村庄提供了壮美的背景，成为京郊著名的旅游景点。

对长峪城村的历史文化进行探索研究，编制保护发展规划，是落实长城文化带保护与利用工作的重要内容。

张建教授领导的北京工业大学城镇规划设计研究所多年来扎根村镇规划领域进行研究与实践，是一支高效实干的队伍。团队从2005年初就开始了长峪城村的规划工作，逐步探索出了一套比较成熟的村庄规划设计方法。2016年，赵之枫教授作为负责人承担了《北京市昌平区流村镇长峪城村保护发展规划》的编制，本书更是为这座500多年的传统村落树碑立传了。

　　十几年来北京工业大学众多师生传承接力，不畏艰难，以钉钉子的精神不断深入挖掘传统村落的历史资源，弘扬优秀的乡村传统文化，为北京传统村落的保护发展做出了独特贡献。

　　感动之余，我要向他们表示深深的谢意。

北京城市规划学会理事长

邱跃

前 言

　　"实施乡村振兴战略"是党的十九大作出的重大决策部署，北京市作为国家首都，须率先贯彻、认真落实。由北京工业大学城镇规划设计研究所承担的《昌平区流村镇长峪城村保护发展规划》，将协调好历史环境保护和现代化发展为前提，积极落实产业兴旺、生态宜居、乡风文明、治理有效、生活富裕的总要求，厚植乡土文化资源和历史文化资源，探索传统村落资源合理适度利用的途径，拓展了村庄规划建设的新思路。

　　《昌平区流村镇长峪城村保护发展规划》的重点在于完善传统村落的展示利用体系。通过深入梳理历史脉络和整理文化遗产，在充分尊重历史载体真实性和完整性的基础上开展规划编制工作。长峪城在明代长城防御体系中具有重要地位，辉煌的边关历史给长峪城村留下了宝贵的文化遗产。沧海桑田，五百年的岁月拂过边关小城，演化成了今天的村落。近几年来文物保护的观念成为社会共识，部分文化遗产得到了科学的修缮，但由于长期缺乏系统性的保护和引导，长峪城村的发展仍然呈现无序的状态。认识到这一问题的重要性与紧迫性，使我们正视长峪城村的现状，尽快施以科学的保护，同时辅以必要的发展引导，留住村民、留住村庄、重拾古韵。

　　本书的写作正是建立在此基础上。全书共分为四章：第一章设城守国，主要讲述长峪城村悠久的历史文化和显赫的军事地位；第二章墙台庙房，重在挖掘长峪城村的空间特色和历史建筑；第三章物盛人丰，呈现长峪城村的民俗文化与生活图景；第四章古村新貌，描绘了长峪城村美好的发展愿景。

　　感谢下列人员为本书的编写所做的贡献：《昌平区流村镇长峪城村保护发展规划》的主要成员王峥从项目调研、编制规划成果到后期跟踪做了大量卓有成效的工作，参与长峪城村规划工作的还有刘子翼、朱三兵、邱腾菲、云燕、吕攀、骆爽、巩冉冉、王宝音等；关达宇在长峪城村进行了扎实的村民调研工作，形成了丰富的村民访谈报告；陈雪、席岳琳、郑真生、靳松参与了本书的修改和定稿工作。北京城市规划学会邱跃先生、北京市规划国土委昌平分局李晋先生、王小玲女士、北京市昌平区流村镇政府杨春勇先生为传统村落保护发展规划的完善提出了很好的建议；北京工业大学李强老师在新农村建设时期编制的长峪城村村庄规划为本次保护发展规划的编制提供了良好基础；北京市住宅建筑设计研究院有限公司周予康先生亦为本书的撰写提供了帮助；华通设计顾问工程有限公司及北京市农业农村局连旭先生为本书提供了参考资料。

长峪城村鸟瞰图（来源：华通设计顾问工程有限公司）

目 录

第1章
设城守国

　　长峪城村位于北京市昌平区流村镇西北山区，西邻门头沟区和河北省怀来县，北临延庆，地处两地四县的交界处（图1-0-1）。村落距明长城约4公里，在明代原是居庸关长城一带的重要城堡，坐落于两山夹峙之间，扼守从延庆盆地进京的一个要道。城堡始建于正德十五年（1520年），万历元年（1573年）扩建新城，原为抵御外敌、驻守士兵之用，在历史的变迁中随军事功能的退化，逐渐形成了村和城交织的聚落。

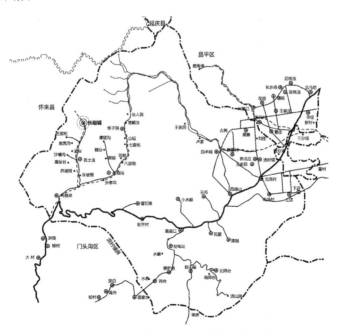

图 1-0-1　长峪城村在昌平区流村镇的区位示意

从建城至今长峪城村已有近五百年历史，积淀了深厚的民俗文化底蕴，长峪城社戏、元宵灯会在昌平地区广为人知，维系着村民们对故土的乡情。在抗战史上具有重要意义的南口战役曾在长峪城村一带正面交锋，留下了深厚的红色文化印记。随着社会主义新农村建设、沟域经济建设、美丽乡村建设等工作推进，长峪城村依托龙潭泉水库、黄花坡等自然风景资源，以及古城堡遗存、明代长城等具有古代军事防御内涵的历史文化资源，大力发展民俗旅游产业，规划建设水平获得了新一轮的提高。

1.1 长峪城村综述

1.1.1 天赐险隘，两山夹峙一水南流

清人孙承泽对北京山水形胜有这样的概括："幽燕自昔称雄，左环沧海，右拥太行，南襟河济，北枕居庸"。太行山从山西经河北至北京南口，自古称为"神京右臂"，太行山在北京西北的部分，就是山麓北段的西山。西山山脉从南口的关沟延伸到拒马河一带，由大致平行的褶皱山脉组成，呈现东北向西南的走势，沿途崇山峻岭延绵不绝。明张鸣凤在《西山记》中描绘道，"西山内接太行，外属诸边，磅礴数千里，林麓苍莽，溪涧镂错"，可见西山山脉的重重山峦之间饱藏了雄伟和秀美的好景致。

连绵数百里的太行山从山麓至山脊都陡不可攀，其间有八条通道被称为"太行八陉"，太行山脉西山最右端的关沟就是其中的太行第八陉（图1-1-1）。这条仄隘的峡谷由两山夹峙形成，西侧牵着西山山脉，东侧牵着燕

图1-1-1　北京西北地势及关沟示意图

山山脉。燕山山脉在北京北部的部分被称为军都山，宋代诗人苏辙曾经有诗云，"燕山如长蛇，千里限夷汉。首冲西山麓，尾挂东海岸"。燕山山脉军都山与太行山山脉西山从西北环抱北京，形成了西、北、东三面环抱的大山水格局。

北京西北群山之中，在昌平境内的第一高峰是西山山脉中的高楼岭，因山顶有长城敌台高耸而得名。高楼岭西南与青灰岭、黄崖尖相连，黄崖尖西南隔谷与笔架山、黄草梁、东芝山等著名山脉相连，共同组成北京西北部的主要山脉①。长峪城村即在黄崖尖东麓的沟谷之中，背靠青灰岭（图1-1-2），两侧的山被称为东山和西山，老一辈的村民称为龙山和凤山，两山夹峙形成沟谷，南北贯穿整个长峪城村域。

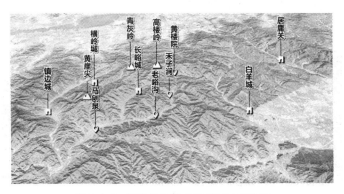

图1-1-2 长峪城村周边主要山体及村落分布

西山山脉之中有一条永定河，裹挟着上游从黄土高原带来的肥沃泥土，出山后形成了洪积冲积扇，才有了北京建城的地理空间。因此永定河被称为北京的母亲河，民间传有"先有永定河，后有北京城"的说法。这条北京最大的水系向东南奔流途中，有众多的支流汇入，其中一支名为淞河，其上游是西山山脉中的老峪沟，长峪城所在的沟谷是老峪沟的支流之一。

长峪城沟谷中有山间溪水流经，村北青灰岭东南麓有一泉水被称

---

① 张涛：《流村镇志》第二卷《风水天成》，北京：人民出版社2011年版，第87页。

为龙潭泉，龙潭泉至长峪城村常年流水，沿途山峭流水湍急，冲击形成许多的深涧，深涧内有瀑布和深潭。长峪城村地势北高南低，流水顺沟谷蜿蜒屈曲南下，从长峪城村东侧环抱而去，流入老峪沟后汇入湫河，经马刨泉向南流入门头沟区，在杨家庄附近弯曲注入永定河。

可见，长峪城村地处太行山余脉，藏匿于北京西北群山中湫河支流沟谷之中。背靠青灰岭直指昌平第一峰高楼岭，东西侧两山对峙形成沟谷，有水自龙潭泉南下环抱而过，形成"两山夹峙，一水南流"的山水格局，在村落选址营建中表现出"背山面水，怀抱金带"的传统风水思想（图1-1-3）。袁凤鸣的《过长峪城》一诗生动描绘此景："绕遍一村柳，还登万刃山。危岩通线路，古涧听潺缓。鸠影长空缓，蛩声白昼间。风霜动秋气，野色似无颜"。

图1-1-3　长峪城村两山夹峙的山势格局

长峪城村向南临近雕窝沟，西南毗邻五里松，东南隔山是禾子涧。禾子涧是西山中另一沟谷白洋沟的发源地，附近的山上矿藏丰富，相传有金、银、铜、锡等多种矿产，故此曾有过"八宝自来庄"之称，以赞誉其资源丰富。诗人陈士骅曾作诗写道，"涧身有天斧，拦土宜农桑。迄今千百载，从不识饥荒。宇宙有变易，地震薪摧伤。佳壤冲刷去，山洪何猖狂。土笋群锥立，沟壑乱无章。膏腴禾黍地，碛确叹荒凉"[1]，诗作描绘了禾子涧良好的生态环境，但也揭露了该地区饱受

① 陈士骅：《陈士骅诗集》，北京：中国文联出版社2003年版，第174页。

自然灾害威胁的普遍现象。

长峪城村也曾遭洪涝和泥石流灾害影响,早在清朝隆庆三年(1569)长峪城村一带就遭受过特大山洪,大水冲毁了长峪城旧城的两道水门。因长期受到水灾威胁,古人建设长峪城时,将城堡设计为船形,在村南的山上旧时建有凉亭和艄公石像,合为艄公撑船之意,寓意着遭受水患的时候,村民可顺水而下,免受其害[①]。长峪城村的局部地区仍然处在泥石流易发的区域,为保障民生安全,部分村民已迁居别处。

山沟的地理条件使长峪城村处在空气温凉的小气候中,可谓"盛暑无蝇蚋,五月尚冰霜"。夏季空气清冽凉爽,使长峪城村成为消暑的去处,冬季寒风凛冽,颇有边关小城的萧瑟韵味。虽然地处于北京昌平、延庆、门头沟和河北怀来四地交界处,但山势险阻使长峪城的交通相对闭塞,独座一隅的地理位置和良好的气候条件,使长峪城村的生态景观四季分明,春季桃花、杏花、海棠漫山逐次盛开,夏季植被旺盛,金秋硕果丰盈,冬季白雪皑皑。

长峪城村的植被以半旱生灌丛杂草为主,北部有旱中生密集灌丛,多为荆条、平榛、胡枝子和阔叶林。山谷有大面积经济林。野生中草药材有胡柴、知母等。野生动物有狐狸、罐、野兔等。农作物主要种植玉米、谷子、豆类。林果以海棠、沙果为主[②]。山区耕地稀少,气候寒冷,小麦等生长困难,长峪城村的主要农作物为玉米、谷子、各种豆类等。

1.1.2 山水相依,背揽名胜笑迎四方

进入长峪城村的山路盘缠在太行山的群山峻岭之中,随犬牙交错的山势蜿蜒起伏。入村的车辆沿着山路盘旋几个回合后,转入黄崖尖东麓,就到了长峪城村所在的沟谷——长峪城沟,也被称为上常峪沟。沟谷之中山坡层层叠叠,村落零星散落,两侧山体左右夹着公路一线往北,纵穿长峪城村蜿蜒而上。地势向北逐渐抬高成峰,公路可通车

---

① 戴晓晔:《长峪城农民戏班的生存状态研究》,中央音乐学院硕士学位论文,2013年,第1页。
② 张涛:《流村镇志》第二卷《风水天成》,北京:人民出版社2011年版。

的部分到山脚下的抗日战争纪念广场就停止了。从长峪城村向北沿山势上行，有龙潭泉水库、黄花坡、明代长城等风景名胜（图1-1-4），高处可远眺北京城和河北官厅水库，风景无限。

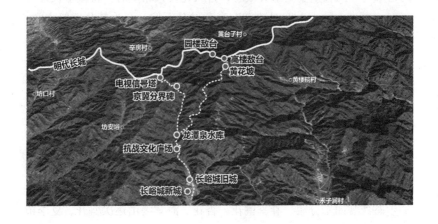

图1-1-4　长峪城村周边风景名胜资源

　　抗日战争纪念广场往北连接着通往龙潭泉水库的步道，上行600米左右就能看见大坝拦截的一片清湖，即龙潭泉水库（图1-1-5）。龙潭泉是村北山沟中涌出的清泉，由地下水汇流而成。20世纪60年代为充分利用泉水服务民生，在水源下游利用山口狭窄处建设水坝，形成小型水库用于蓄水。70年代水库进行防渗加固，蓄水能力达到8万立方米，向下游的长峪城、黄土洼、马刨泉等村供应水源。如今的龙潭泉水库是长峪城村北的一处静水景观，供游人纳凉垂钓。

　　龙潭泉水库东侧环绕着木栈道，步道从龙潭泉水库向北延伸，随着山势逐渐上升，沿途处设有多处观景台。在高处的观景台可环视长峪城村的美景，向北可看见清泉镶嵌山中的美景，向南回望则是两山夹峙中的村落。木栈道在龙潭湖水库的北端岔成东西两条山路，沿东港沟攀爬而上，在山梁上可望见昌平第一高峰高楼岭。

　　沿沟继续上行，就到了北京和河北的分界碑，界碑为黄岗岩石质圭形，北京一面写有"北京，12，国务院，1997年"，河北一面

图 1-1-5 龙潭泉水库

图 1-1-6 龙潭泉水库镶嵌在崇山峻岭之中

图 1-1-7 黄花坡 -1

图 1-1-8 黄花坡 -2

写有"河北，12，国务院，1997 年"的字样。从分界碑回望龙潭泉水库，如一颗宝石镶嵌在群山之中，晶莹耀眼（图 1-1-6）。沿山脊行走可到达一座山石砌垒的烽火台，经战争洗礼和岁月风化，斑驳沧桑。继续东行可到达黄花坡，黄花坡是北京近郊的高山草甸，具有独特的小气候，每年七月山坡上黄花遍地盛开，因此得名黄花坡（图 1-1-7、图 1-1-8）。

从黄花坡向西北方向远望，能够清晰看到老虎头山和山顶上的电视信号塔。再向北行，就到达明长城制高点——高楼敌台（图 1-1-9）。高楼敌台是附近体量最大的敌台，耸立在昌平最高峰上，气势非凡。高楼敌台还是明长城走势的一处拐点，长城从居庸关一带沿山势蜿蜒而来与高楼敌台的西侧连接，从高楼敌台的北侧伸出，向北拐入河北境内。在高楼敌台上可遥望长城蜿蜒盘旋，敌台排立，向南远眺是北京城，向北则是怀来盆地和官厅水库，美景尽收眼底。

图 1-1-9　远眺高楼敌台及高楼长城（来源：网络）

1.1.3　筑城御敌，京畿西北长城军堡

　　长峪城村曾是明代长城防御体系中的一座重要军堡。北京筑长城始于战国时期，历经北魏、北齐、到明朝达到高潮，修筑长城成为举国大事。明洪武元年（1368 年），朱元璋命令徐达主持修筑居庸关、古北口、喜峰口等处长城。从此，首先在北京北部旧长城沿线建起了隘口、哨所，为以后大规模修建长城打下了基础。明永乐十九年（1421 年）迁都北京后，在明朝统治的二百七十多年间，北京始终处于民族政治、军事斗争的前沿，保卫北京的安全是明朝军事工作的重要任务。明代朝廷将七八十万京营军驻扎京师，筑长城、修城池，加强北京的警备，工程连年不断，前后用时达 200 年之久，形成了一个庞大的军事防御体系，成为保卫北京的一道屏障。

　　自明朝建国后百余年间，退居漠北的蒙元残余势力伺机南下，成为明代的严重边患。明朝统治者不得不在东起鸭绿江，西抵嘉峪关，绵亘万里的北部边防线上相继设立了辽东、宣府、蓟州、大同、太原、延绥、宁夏、固原、甘肃九个边防重镇，史称"九边重镇"，作为明朝同蒙古残余势力防御作战的重要战线。北京地区的长城戍卫由宣府镇和蓟州镇统领东西两路管理。后新增昌平镇，总兵驻昌平（今北京昌平区）。管辖的长城是从原蓟州镇防区划出的渤海所、黄花镇、居庸关、白羊口、长峪城、横岭口、镇边城诸城堡长城线，其东北起于慕田峪关东界，西至紫荆关，全长 230 公里。

　　明代以关沟居庸关为轴心，向东西两侧分布了多处军事设施，形成了京西北军事防御体系，由东北至西南方向分别布置永宁城、黄花城、岔道城、居庸关城（上关城）、南口城、白羊城、长峪城、横岭城、镇边城、沿河城，共 10 城（图 1-1-10）。

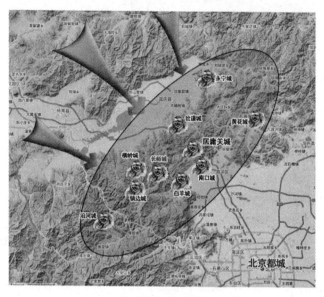

图 1-1-10　京西北 10 城军事防御体系

　　明正统元年（1436 年）和正德九年（1514 年），蒙古骑兵两次从白羊沟方向侵入昌平州，兵临北京城。正德十五年（1520 年），同时修建了镇边城（今河北怀来）、长峪城、横岭城、白羊城，称作"横岭路四城"。按走向，白羊沟在内，横岭城扼外，长峪城和镇边城分守两侧的拱卫之势，成为京西防御体系中关沟以西的重要军事防卫之地。横岭路四城皆有长城相连，东段过黄楼洼长城，进入居庸关（昌平镇）段，西段过大营盘（宣府镇）段，与河北、山西段的长城相连。

　　长峪城村分为旧城（北城）和新城（南城）两部分（图 1-1-11）。

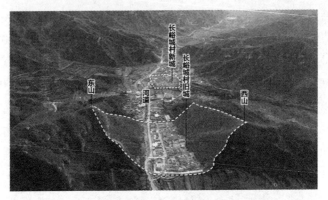

图 1-1-11　长峪城村旧城和新城鸟瞰图（自北向南）

旧城建于明正德十五年（1520 年）。据史料记载，长峪城"城堡一座，东西跨山。其城上盘两山，下据两山之冲，为堡城。高一丈八尺，周围三百五十四丈，城门二座，水门二空，敌台二座，角楼一座，城铺十间，边城四道，护城墩六座。"可以看出，当时的城墙高 5 ~ 6 米，周长为 1100 米。旧城建于山沟的沟口，整座城横跨东西两山，将山口封堵，卡守两山之冲。此山沟名长峪沟，沟口下宽122 米，中间有季节河道穿过。长峪城采取连接两山，在两山最高点设置控制点，以这两点向下分叉在沟内与南北城门对接，并与高处的敌台相连，围合形成城堡（图 1-1-12）。现存的城墙高 3 ~ 5 米，

图 1-1-12　长峪城村旧城鸟瞰图（自南向北）

有收分，下部宽约 5 ~ 6 米，上部宽约 4 ~ 5 米，墙体上部有垛墙。旧城的大小约为 5.6 公顷，主要功能为军事防御。

城的平面为不规则形，随山就势，南北向的南北城墙各有一个城门，两门间为通道。城的东侧还有一条南北向的内城墙，将东山脚下的季节河道分离形成水道，在城门建有水门，用以疏通山水通过。北城门为北向，因向外有迎敌的需要，门外筑有瓮城，城门为单孔，地面道路用山石铺砌。

新城建于明万历年间，位于旧城之南。明中后期，经过明嘉靖时期和隆庆时期的持续修建，长城已连为一体，起到了防御作用，因此长城内侧的城堡所担负的阻敌作用消弱很多，城堡也不再采用两山加一冲的形式，而是依山而建（图 1-1-13）。故长峪城新城亦是依山而建，不再扼控山口，而是坐拥一侧，坐西朝东。其功能有别于旧城，主要功能是驻兵。新城位于西山山坡上，居高临下，城的平面近似方形。新城长为 136 米，宽 120 ~ 126 米，面积约 1.6 公顷。现存城墙最高在 3 米左右，为山石垒砌。城内地势因依山而建，形成东低西高的地势。东部设有一座城门，在东墙的中间位置，设有瓮城，南向有门。在城门外另筑瓮城是明代城防体系普遍做法。城门、瓮城门与瓮城形成一个整体建筑，构筑在一个台地上，出瓮城门即是一个坡道下行。东城门亦为单孔。

图 1-1-13 长峪城村新城鸟瞰图

新城与旧城两城相距约238米，相互照应，互为犄角。从新城的位置和规制上看，是作为长峪城旧城的辅助之用，用以增援和扩容。

1.1.4 古城老村，军堡民居交相衬映

随着清代治国理念和版图边界的变化，长峪城的军事功能逐渐衰退，军事聚落所具有的屯田功能，使长峪城没有被荒废，逐渐演化为村落并一直保留到了今天（图1-1-14）。

禋祯王庙
长峪城旧城
北城门及瓮城
关帝庙
旧城古巷道
城墙
永兴寺
永兴寺巷道
黄长路
城墙
东城门及瓮城
长峪城新城
新城古巷道
菩萨庙
河道

0 20 40 60 80 100米

图1-1-14 长峪城村平面图

长峪城村坐落在南北一线的山谷中部，村落形态从南向北由窄放宽，再从宽收窄，如同船形嵌入山脉之中，村落与周围山体轮廓自然融合，交错有序。黄长路是长峪城村的主要过境交通，南北贯穿村域，村内主要街巷与黄长路连接，沿着等高线南北排列，走势北高南低。村中有三条主要街巷，从南向北依次称为旧城古巷道、永兴寺巷道、新城古巷道。在这些较为重要的巷子之间有些小路和巷道，它们四通八达、交错互通，形成便利的交通组织。

新城古巷道连接着长峪城新城与黄长路（图 1-1-15、图 1-1-16）。长峪城新城依山而建，坐落在黄长路的西侧，在长峪城村的南村口就能看到高大的瓮城筑立在地势较高的平台上。瓮城在南侧开口形成一道门，从南侧进入瓮城，再向西过城门，就进入了长峪新城的城墙范围内。城门正对着一段约 50 米长的古巷道，尽头是之字形的步道横贴在陡坡上，高差有 4～5 米之多。上坡向南走到尽端，绕过一处民居，即是长峪城村的菩萨庙。现今新城东墙北段保留较好，南段城墙形成一些突出平台，可以俯瞰到新城城墙外的村落。

图 1-1-15　黄长路与长峪城新城

图 1-1-16　长峪城新城古巷道

从新城向北约 150 米，黄长路分出的另一支斜坡路就是通往永兴寺的道路（图 1-1-17）。道路两侧并无建筑相夹，中间有一较大的空地，立着一处写着"美丽乡村"字样的石刻，往北向上整体长度约 130 米，末端是长峪城村原小学校舍，和当地俗称"大庙"的永兴寺。

图 1-1-17　黄长路与永兴寺

　　黄长路纵穿山谷从旧城中穿过，旧城古巷道隔着屋舍并排在黄长路西侧约 25 米处，南北两端折出两支东西小路，环扣黄长路（图 1-1-18、图 1-1-19）。旧城内古巷道全长约 240 米，两侧建筑逐次整齐排列，两两相夹形成一条条胡同小道，与古巷道相连呈鱼骨状的路网结构。旧城古巷道的北端是长峪城旧城北门，城门朝向长城，城门外设有瓮城，瓮城中保留着一座祯王庙。从北门向南约 50 米处是关帝庙，古巷道在这里形成一小处转折。

图 1-1-18　黄长路与长峪城旧城

图 1-1-19　长峪城旧城古巷道

　　旧城古巷道两端原有南北两座城门，城墙向东横跨河道，相交处原设有南北两座水门，如今旧城中的四座城门仅剩北门一座。南北两道城墙横跨东山和西山，如今残留的城墙遗迹，仍然可以分明地看到旧城边界。城墙从地面沿着两侧的山拔地而起，高度约 200 米，直指峰尖、气势挺拔，在东山和西山的高点分别交汇，筑立敌台。东山和西山上仍然存有敌台遗迹，东山敌台保存较为完好，西山敌台已基本坍塌。

黄长路沿线并列着一条自然形成的河道，河道与黄长路一同从村落中间穿过，串联新旧两城。河道往北与龙潭泉联系，往南则汇入老峪沟，宽约 5 米左右，为季节性流水，夏季沟中的植被和花卉生长旺盛，形成村里的一道风景。过去长峪城村曾遭受洪灾，为使雨洪排泄顺畅，不伤房舍，两侧砖砌了锯齿状围挡，提高河道的蓄洪能力。

村落中的民居向北蔓延出新旧两城的城墙，几乎已连成一片。河道的东侧也形成了聚落，习惯称为"东窑"，河道西侧称为"南大园"和"北大园"（图 1-1-20）。长峪城村的屋舍古朴，与新旧两城的古城遗迹交相辉映，四周群山环绕，薄雾萦绕，如同身处在诗画之中。随着民俗旅游的发展，部分村民通过改造自家的院子，经营起了农家乐。这些经营农家乐的院子周围插满了红色的旗子，好似过去行兵作战的旌旗，无意间照应了曾经辉煌的军堡历史。

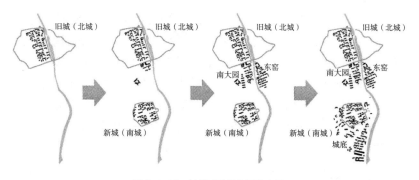

图 1-1-20　长峪城村落格局演变图

1.1.5 抗日烽火，南口战役重要节点

在长峪城村悠久的历史中，具有军事内涵的内容占有显著篇幅，除了作为明代长城防御体系中的一座军堡外，在民国时期，长峪城村曾是南口战役中敌我对抗的重要节点。南口战役是抗日战争初期爆发的战役，这场战役振奋了全国上下的抗战精神和意志，动员全国人民投入抗战工作中。长峪城村是中日军队正面激战的地区之一，从抗战史上看，南口战役是长峪城村一带爆发的唯一一次中日对抗，对长峪城村产生深刻影响，留下了深厚的红色文化遗产。

1937年7月7日"卢沟桥事变"后抗日战争爆发，日军向华北腹地进攻。以日军进攻得胜口作为南口爆发标志，在我军顽强抵抗下，日军企图从南口右侧包括长峪城在内的地区迂回进攻，由此展开了长峪城一带的战争拉锯。日军向横岭城重兵进攻，造成我军较大的伤亡，于是增兵驻守长峪城。此后，长峪城北沿驻军被日军突入，又被我方援军夺回，长峪城失而复得。1937年8月26日守军撤退，日军最终攻占居庸关，南口战役结束。

虽然南口战役在事实上失却，但在抗战史上具有非凡意义。南口战役从1937年8月8日打响，至8月26日撤退，历时19天。此役挫伤了日军的气焰，延缓了日本侵华的进程，降低了敌人进攻华北、夺取山西的速度。正如中共中央机关刊物《解放》周刊短评(1937年8月31日第1卷第15期)所言，这一页光荣的战史，将永远与长城各口抗战、淞沪两次战役鼎足而三，长久活在每一个中华儿女的心中。南口战役鼓舞了全国人民的抗战斗志，其政治动员作用远超出了它的军事意义。

长峪城村至今被视为南口战役的重要遗址，在村北抗日纪念广场中，立有一通洁白的抗日英魂纪念碑（图1-1-21），题字为"纪念七七事变后长城线上首场重大战役"，落款为"长城儿女立"，旁边碑文刻字：

南口战役

一九三七年七月平津相继失陷日寇沿津浦平汉平绥三线扩大侵

略，国民政府这时已看清对日妥协无望，决心抗战，对日寇的三路进犯都做了相应的战斗部署，在平绥线方面组织了著名的南口战役。

一九三七年八月八日南口战役打响，九月一日我军被迫撤出阵地，经过二十余天血战，严重挫伤了日寇，打乱了日寇的作战计划，使三月亡华的幻想破灭，我军伤亡三万三千六百九十一人，歼敌一万五千余人，这是七七事变后北方战场的重大战役，正如我党编辑出版的解放周刊短评所言，这一页光荣的战史，将永远与长城各口抗战、淞沪两次战役鼎足而三，长久地活在每一个中华儿女的心中。

二零一二年清明
长城儿女立

图1-1-21　长峪城村南口战役抗战英魂纪念碑

南口战役结束后，日军占领了我国华北地区的大部分领地。不久八路军挺近平西，开创抗日根据地，采取游击战和持久战作为战斗的主要形式。为方便抗日作战指挥，昌平、宛平、怀来三县联合成立了抗日战争的指挥机关，并曾成立昌宛怀联合县，初期县政府就设在长峪城的旧城。在此期间流传着一段经过官方考证的佳话，国民抗日军的一总队来到长峪城村，长峪城村民团团总罗长奎带着七百多人盘踞

在山上①，与国民抗日军展开
对峙。国民抗日军组织者和
领导人之一、新中国成立后
人民海军航空兵参谋长纪亭
榭，为团结当地民团共同抗
日，与民团团总罗长奎认了
干亲，罗长奎之子罗贵斌认
纪亭榭为干爹。在相关部门
征集史料时，罗贵斌献出了

图 1-1-22　黄花坡上的长城卫士纪念碑

当年纪亭榭送给他父亲的柳条箱子②，证实了这段历史。

今天长峪城一带仍然有当年南口战役的遗物，黄花坡上零星分布
着纪念南口战役英雄的石碑（图 1-1-22），其中一块巨石刻着诗人穆
旦为纪念南口战役所题的诗：静静的在那被遗忘的山坡上，还下着密
雨，还吹着细风，没有人知道历史曾在此走过，留下了英灵化入树干
而滋生。

此外，为纪念抗战英雄，民间也自发开展着丰富的纪念活动。据
悉杨国庆一直在南口地区寻找战役遗物，通过业余时间已收集近两千
件相关物品，包括防毒面具、飞机残片等。长峪城村的陈万会从 2010
年开始举办抗战文化节，每年在南口战役打响的 8 月 8 日，以及 8 月
15 日的抗战胜利纪念日，都会通过举办抗战文化节来祭奠在南口战役
中牺牲的无名英雄③。

1.1.6　一方水土，民俗传统维系乡情

明代边关军事防御历史是长峪城村的主要文化基底，民国时期南
口战役为长峪城村添上了红色文化的印记，而世代村民在长峪城村生

---

① 中国人民政治协商会议北京市海淀区委员会：《海淀文史选编 第 9 辑 纪念抗日战争胜利
　 50 周年专辑》1995 年版，第 146 ~ 147 页。
② 中共昌平县委党史办公室：《燕平抗日烽火：昌平人民抗日斗争资料选辑》，1987 年版，
　 第 35 页。
③ 引自驴行北京。

产生活的过程中，为村落积淀了丰富的民俗文化资源。长峪城村的民俗传统既是北京郊区山村共有的文化特征，同时独有的地域文化特色。村民们在特定的节日中遵循风俗传统，举办着丰富的活动和仪式，用质朴的方式表达对家乡的热爱、寄予对生活的美好期盼。这些欢腾喜庆的活动有些已经失传，留在老一辈村民的回忆中，有的薪火相传，一直延续到了今天。

春节是中华民族最重大的传统节日，长期在外的村民纷纷返乡，团圆和贺年活动使长峪城村热闹非凡，平日里游客来往的山村，在这些日子迎来了属于自己的节日。热闹的日子一直持续到农历正月十五的元宵节，这一阶段是长峪城村民俗活动的高峰。

从农历正月十二或十三晚上开始，永兴寺的戏台上就已经开始暖场，戏班向神明献戏表达敬意，同时为村民祈福。村落里的大小街巷张灯结彩，灯火照遍云霄，男女老少穿着鲜彩的服饰、涂脂抹粉、乔装打扮，组成了几支表演队在街巷上巡游：领头的队伍是锣鼓队，锣鼓队后紧跟着竹马队、跑旱船、小车会、秧歌队、杠子官等表演队伍，他们在村里的主要街道上巡游，象征着向村民传播福祉的寓意（图1-1-23）。村旁的山坡上已经点亮了近千平方米的灯场，那是由三百多根灯把组成的迷宫灯阵，四周彩旗环绕。灯场外供奉着神明，村民们在这里烧纸磕头、烧香祈福后，随着热热闹闹的表演队进入灯场转灯祈福。灯场中星星点点，人们恍若入了梦幻之境。

节庆活动一直持续到农历正月十七的早上，人们烧纸钱、点燃烟火，结束了灯会活动。缭绕的烟雾散去后，边关小村又暂时归于宁静，但永兴寺的戏台上仍然锣鼓震天，戏班的演出最短会持续到农历正月十八。条件允许的时候戏班的演出时间会更长，据说在戏班发展的巅峰时期，演员们曾经连着唱了半个月。

图1-1-23 元宵灯会表演队（来源：村民陈全国）

每年长峪城村的元宵节灯会都有十里八村的百姓来参加，这是昌平、门头沟、怀来两区一县交界处的重要活动，也是人们祈盼幸福、盼望丰收的重要仪式。

永兴寺戏台上唱的是长峪城村流传四百多年的社戏，长峪城戏班是昌平地区仅剩的一支传统社戏戏班（图1-1-24）。社戏的唱腔中既有山西梆子的高亢又有河北梆子的曲味，独一无二的唱腔在村里被称为"老戏"。除了农历正月里的大排场以外，农历二月二、农历六月六、农历九月九都是社戏开唱的日子。

民间传说农历二月二是龙王苏醒抬头的日子，俗称农历"龙抬头"，这一天起万物苏醒、雨水增多，长峪城村敬重龙王，将唱戏与祭祀活动结合，在农历二月二会唱一场社戏献给龙王。农历六月六能看到禾苗初长，是预示粮食丰收的好日子，戏班将这一天作为固定节日，除了唱戏外，还要将表演用的服饰拿出来晾晒，俗称"晾行头"。农历九月九是重阳节，并且这一天秋收的工作基本完成，即将进入农闲时期，戏班唱着"秋报子戏"，与村民们共贺丰收[1]。

农历三月二十就到了立夏。中华传统节日总是伴随着独特的吃食，如中秋的月饼、元宵的汤圆，但大多都是各家吃各家的。立夏的时候京郊的村子里流传着一个吃"百家饭"的风俗，就是喝由各家粮食一起煮成的"立夏粥"。长峪城村长久地保留着这一传统，每逢立夏的时候在村里支起一口大锅，收集七个姓氏以上的粮食放到锅里，加上几瓢泉水后点燃炭火，熬一大锅的杂粮粥。开锅后村里的男女老少都能分得一碗，村民们相信吃了立夏粥，

图1-1-24　长峪城社戏（来源：网络）

---

① 戴晓晔：《长峪城农民戏班的生存状态研究》，中央音乐学院硕士学位论文，2013年，第36页。

这一个夏天都不会生病。

农历四月十八是娘娘庙会，当地村民在这天会抬着镂空木雕的娘娘神像，在全村的大街小巷中巡游。据村里的老人们回忆，这尊娘娘神像精细镂空、工艺突出，当地村民称为"娘娘架"。平日里都是村民们走进寺庙供奉神像，而在这一天神明由村民们抬着走出寺庙，他们相信神明能为每家每户送去吉祥祝福。娘娘庙会仅存在于"文化大革命"之前，现今由于人员欠缺、技艺失传等因素，已难以组织恢复①。

到了农历七八月的盛夏时节，若是干旱无雨，粮食生长受到威胁，村民就要自行组织队伍，到龙潭泉水库下的龙王小庙进行祈福。

村里的民俗传统自然不止于这些重大的节庆活动，柴米油盐之外的寻常日子，还有婚丧嫁娶、房屋营建等村民个体的人生要事，这些大事小事都有着一套固定的程式和礼仪，长久以往地被村民所遵循和敬畏。这些民俗传统让他们的文化得以代代相传，同时维系和牵绊着村民们对故土的感情，笼络着邻里之间的好感。即使对他们来说不过是些寻常的事项，却是城市生活难得的动人温情。

1.1.7　方兴未艾，厚植根基乡村振兴

改革开放以来，在经济建设的浪潮中长峪城村村民的生活水平得到初步改善。进入社会主义新农村建设时期，长峪城村的基础设施以及人居环境条件均得到了极大提高。村内安装太阳能路灯解决了夜晚照明问题，多处旱厕改造为现代卫生间改善了卫生条件，防灾减震、排污排水等工作的推进，保障了长峪城村的基本人居环境，健身广场（图1-1-25）、光纤入户等配套设施的健全使村民的生活品质得到提高。村内道路基本实现硬化，并建设停车场、候车亭等交通设施，改善了村民出行的交通条件，同时为旅游产业发展奠定了设施基础。

---

① 戴晓晔：《长峪城农民戏班的生存状态研究》，中央音乐学院硕士学位论文，2013年，第37页。

图 1-1-25　长峪城村健身广场图　　　　图 1-1-26　长峪城村东侧河道生态修复

　　山区生态修复工作使长峪城村的生态环境得到进一步提高。在昌平区林业局等有关部门的帮助下，长峪城村先后实施了 2000 亩荒山造林工程，200 米村内主街道两侧绿化美化工程，2800 米景点种花种草工程，3000 米连村路两侧绿化美化工程（图 1-1-26）。长峪城村自然环境得到极大改善，生态价值向经济价值转化的趋势越发显著。村落四周的山水林田在四季变化中更迭自然风光，村落中的人居环境融入山区的自然基底中，共同组成了有别于城市氛围的田园生活图景。

　　在全市发展沟域经济的工作部署中，长峪城村的产业发展思路是依托古村落、古长城、古庙宇、古社戏和高山平湖、高山草甸等生态环境优势，做好旅游资源开发和环境配套设施建设。全村继续坚持以发展长峪城民俗旅游为主要支柱产业，加大对长峪城历史文化资源的保护和修缮，把长峪城村建设成为文化底蕴丰厚、文化色彩突出、生态环境良好、旅游功能齐全、具有较强品牌的生态旅游景区[①]。

　　长峪城把民俗旅游业作为全村主导产业进行发展，通过旅游带动全村的经济发展，激发村民进行民宿经营的创业热情，促进部分年轻劳动力返乡就业。民俗旅游产业打开了长峪城村在昌平乃至全市的知名度，推进了优秀传统文化的传播，也增加了村民对家乡的自豪感和热爱。村民在民俗旅游产业发展中充分发挥自主的能力和

---

① 内容来源于长峪城村村民自治委员会。

活力，形成了以"猪蹄宴"为代表的特色旅游产品，全村已形成民俗旅游户11户，平均每户一次性接待达60人，户年平均纯收入达5万元以上（图1-1-27）。

长峪城村的种植业以核桃、杏扁等林果业为主，现有核桃100亩，年产量1.5万斤；杏扁500亩，年产量

图1-1-27 长峪城村农家乐

40万斤。粮食作物为玉米、土豆、黄豆、高粱等。在长峪城村党支部、区、镇各有关部门领导和扶贫单位的帮助下，人民经济生活水平不断攀升，截至2013年底年人均收入已超过9000元，较2012年底增长了30%，人民生活水平日益提高。目前，长峪城村村域面积为20381亩，村庄面积约200亩。全村共有住户165户，共计378人，农户139户343人，非农户26户35人，以赵、张、陈、吴、王、罗六姓居多。现村内常住人口170余人，劳动力200余人。

1.2　长峪城村的历史沿革

长峪城原是明代长城防御体系中的一座边关城堡，地处北京西北山区扼守居庸关西路，与镇边城、白羊城、横岭城合称"横岭路四城"。长峪城始建于明正德十五年（1520年），建成于正德十六年（1521年），主要功能为军事防御。万历元年（1573年），长峪城旧城南侧添建新城，主要功能从军事防御向驻兵屯田转变。清代朝廷与边关游牧民族的关系开始缓和，边关防线向外推移，长峪城的军事防御功能逐渐弱化，军堡驻兵屯田的功能使长峪城没有被废弃，逐渐演变为以居住功能为主的村落，从建城之初迄今为止已有将近五百年的历史。

长峪城在史料古籍中曾出现过常峪城、常谷城等不同名字

图 1-2-1 清顾炎武《昌平山水记》　　图 1-2-2 明麻兆庆《昌平外志》

（图 1-2-1、图 1-2-2）。明嘉靖年间王士翘所编纂的《西关志》，及明万历年间刘效祖的《四镇三关志》中，均记作"长峪城"，如《西关志》中"长峪、镇边二城所守在旁，不切横岭"，《四镇三关志》中"若曰补长峪城、镇边城之幕军，重浮图冶、插箭岭之防守"。清光绪年间缪荃孙编纂的《光绪昌平州志》仍记作"长峪城"，"长峪城守备，骁勇有志略，守城号令严明，赏罚必信"，同在光绪年间，麻兆庆编纂的《昌平外志》将长峪城记作"常谷城""长谷城"，如"西边有镇边城，又有常谷城，俱正德十年五月筑，各置守御千户所"。至清雍正年间，张廷玉的《明史·地理志》中又将长峪城记作"常峪城"，如"西边有镇边城，又有常峪城"。

1.2.1 明清时期

永乐年间明成祖朱棣从南京迁都北平，以期能抗击北方敌寇南侵，巩固疆土。此时京师西北三面临近边塞，军事防御的重要性显著提升，明代朝廷下令在边关各个关隘设置戍兵无数，"对于各府、州、县之一村一镇，一山一水，凡可以设险之处，无不建寨筑堡，设官列戍，以为防守之要冲"。此时虽然尚未有长峪城，但后来其下辖的茶芽坨、沙岭儿、窟窿山、镜儿谷、分水岭、银洞梁六个隘口即是在这个阶段建成的。《三镇边务纪要》载有这六个隘口的地理位置：

又四里至茶芽坨西界，内外山峻，牵马可上。又二里至沙儿岭，可通人马，次冲。又二里半至窟窿山，正关外平沟有山梁，可通大举。又二里至镜儿谷，山峻，牵马可上。又二里至分水岭，内外平漫，可通大举，极冲。又二里至银洞梁，内险外平，次冲。又一里至轿子顶西黄石崖，通单骑，冲。

正统年间明朝内忧外患，国力开始由昌转衰，京师西北部军事防御的问题十分突出。英宗朱祁镇初期用兵麓川，忽略北部防御，使蒙古族的势力扩张有机可乘，蒙古首领也先借机壮大兵力、拓展疆域。正统十四年（1449年），也先领兵进犯，英宗命其弟郕王朱祁钰据守京师并率兵亲征，于土木堡被虏，即为土木之变。瓦剌军继续挟持被俘的英宗皇帝大举南下，经大同破白羊口，进攻紫荆关、居庸关，直逼京师。明代朝廷立监国郕王为帝，史称明代宗或景帝，尊英宗为太上皇，以图破解敌军阴谋。兵部侍郎于谦率兵进行京师保卫战，虽然京师无恙，但包括长峪城地区（对长峪城建成前这一地区的统称）在内的白羊口一带在土木之变中暴露出严重的防御缺陷。

景泰元年（1450年）白羊口重新修筑城堡，并设置守御千户所，但因白羊口设守的位置靠内，外口空旷无守，外敌屡次侵犯，防御缺口凸显。因此在弘治、成化年间在横岭口中间筑堡城，后在正德八年（1513年）添修南城，南北两城并称作横岭城，形成白羊城守内，横岭口扼外的格局。此时，长峪城地区的上常峪由横岭指挥，听白羊口守备官约束。横岭城修建后设守口千户，到正德十一年（1516年）明代朝廷增兵横岭、上长峪二口，设指挥一员，驻扎横岭，设总管二口，原守口千户如故，听白羊口守备官约束[1]。

正德年间，横岭一带屡次失事，缘起了长峪城和镇边城的建置。虽然添筑了横岭城，但防御问题依然突出，外敌屡次侵犯白羊口。正德九年（1514年）及正德十一年（1516年），小王子巴图蒙克两次侵

---

[1] 故宫博物院：《故宫学刊2013年 总第10辑 故宫博物馆》，北京：故宫出版社2013年版，第436~439页。

犯白羊口。明代朝廷意识到白羊口、横岭一带的防御缺口，正德十一年（1516年）下令命"差都御史李瓒经络东西关隘"，查看可添筑城堡的地方，以加强白羊、横岭一带的军事防御，巩固边防。

正德十四年（1519年）四月，差都御史李瓒查看居庸关东西两路后，认为居庸关西路中"横岭最为要害，房骑易乘。以居庸关西路灰岭口、上常峪地方，外接怀来所辖隘口计一十二处，曾经达房出没。"因此请议在灰岭口和上常峪添设城堡，控制险要关口，随后在横岭东二十五里筑长峪城，南去二十里筑镇边城，辅助扼外的横岭城拦截敌寇。

正德十五年（1520年），长峪城开始修建，"城堡一座，东西跨山。其城上盘两山，下据两山之冲，为堡城。高一丈八尺，周围三百五十四丈，城门二座，水门二空，敌台二座，角楼一座，城铺十间，边城四道，护城墩六座。"

正德十六年（1521年）四月，明武宗朱厚照驾崩，因无子嗣，且武宗父明孝宗两位兄长早逝无子嗣，立孝宗四弟兴献王朱祐杬之子朱厚熜为帝，即明世宗，于正德十六年即位，次年改年号为嘉靖。

正德十六年（1521年）五月，长峪城与镇边城建成，"至是功讫，议名灰岭口曰镇边城，上常峪曰常峪城，调别堡军士屯守，灰岭口千人，上常峪三百人，改设守御千户所"①。据相关史料记载，长峪城"修完城堡一座，周围三百八十丈，高一丈八尺，阔一丈六尺，垛口俱全。穿完井二眼，深各五丈五尺。起盖过城楼、铺舍、营房共一百三十七间。护城堡两座。"同年长峪城设守御千户所，郭红、靳润成在《中国行政区划通史》中推断，由于万历《明会典》卷108、《明史卷》90《兵志二》俱无该所，疑所设立不久即废②。

史料记载中，长峪城开始建城的时间和最终建成的时间容易造成混淆。《明史·地理志》中记载"西有镇边城，又有常峪城，俱正德

① 《世宗实录》·卷2。
② 郭红、靳润成：《中国行政区划通史 明代卷》，上海：复旦大学出版社2007年版，第355页。

十五年筑，各置守御千户所"。《光绪昌平州志》中记载"西有镇边城，又有常峪城，俱正德十年五月筑"，该两处时间记载应是指开始建城的时间，即正德十五年（1520年）。《明世宗实录》卷二载有长峪城筑城时间为正德十六年（1521年）五月，郭红、靳润成《中国行政区划通史》及庞乃明《＜明史·地理志＞疑误考正》都曾论及。

长峪城及镇边城于正德皇帝在位时开始建城，二城最终命名则是在嘉靖皇帝即位之后①。因此描述长峪城建置时间的准确说法，应是始建于正德十五年（1520年），建成于正德十六年（1521年）。

嘉靖十三年（1534年）三月，顺天抚按总兵官张嵩、赵元夫、张鞍等言："居庸迤西一带、八达岭抵镇边一带地皆虏冲而城池不固。所宜修浚居庸关、白羊口、长峪城、镇边城、糜子谷、花家窑诸要害处，宜增募兵，葺营房给兵伏以益其守，且为条画以请。"②将领们指出包括长峪城在内的居庸关西路地区，存在城池不坚、防卫不严的问题，由此兴起长峪城等关城修缮、隘口添设及兵力增强等事宜。

嘉靖二十五年（1546年），长峪城下新增隘口，名轿子顶。《日下旧闻》言"东二里至银洞梁，西近黄石崖，同单骑"，《四镇三关志》言"嘉靖二十五年建。平漫。东自银洞梁西墩至轿子顶墩，再以西至黄石嗟，通众骑。"

嘉靖二十九年（1550年），蒙古鞑靼部领袖俺答因"贡市"率军犯大同，随后受贿转移，破古北口关，击溃明军杀掠怀柔、顺义，直驱内地兵临京师。敌寇在城下杀人放火，德胜门、安定门北民居皆被摧毁。最后明朝允诺了通贡，俺答撤兵，此即庚戌之变。木土之变后京师百年无警，庚戌之变暴露出了嘉靖年间西北地区军事防御的问题，引起了明代朝廷的重视，采取调整军事配置、修筑边墙等巩固边防的措施。

---

① 故宫博物院：《故宫学刊·2013年·总第10辑·故宫博物馆》，北京：故宫出版社2013年版，第436～439页。
② 《明世宗实录》卷2。

嘉靖三十年（1551年），明廷将居庸分为居庸、黄花二区。嘉靖三十二年（1553年）新增横岭区，同时设置横岭路参将，长峪城归属横岭路管辖，此格局在终明一代未有大的变化。

嘉靖三十四年（1555年），长峪城、横岭城和镇边城的下边城准议修建，"居庸里口，如横岭、镇边、大石岭、唐儿庵等处，或原无边墙，或有墙不固者，皆令修筑防守"①。其中长峪城"边城15里，附墙台1座"，另有"横岭城边城31里，附墙台3座，镇边城边城21里，附墙台5座"。嘉靖四十四年（1565年），长峪城、白羊城、横岭城、镇边城四城边墙进行维修②。

嘉靖三十九年（1560年），昌平镇从蓟镇析出，长峪城归昌平镇管辖。昌平原只设副镇守，提督云冒"改充总兵官，镇守居庸、昌平等处，原设提督官罢勿补，以冒兼之"③。由此昌平镇升格，成为宣府镇和蓟镇的中间环节。由原蓟州析出渤海所、黄花镇、居庸关、白羊口、长峪城、横岭口、镇边城等诸城堡长城线（东起慕田峪关，西至紫荆关，全长230公里）归属昌平镇管辖，主要负责京后防御，尤其是皇陵保护④。

嘉靖四十五年（1566年），长峪城军事防御等级上升，把总改为提调，驻守长峪城。

隆庆年间，内阁大学士张居正重视边防，将谭纶和戚继光调任京师并委以边防重任，由此掀起明代修筑长城的最后一次高潮。这一高潮以空心敌台的建设为主，《明史·谭纶传》记载，"（谭纶）遂与戚继光图上方略，筑敌台三千，起居庸至山海，控守要害。"长峪城所属昌镇下辖的空心敌台为隆庆三年（1569年）至万历元年（1573年）逐次所建，共计199座，其中长峪城下辖空心敌台23座。

---

① （万历）《明会典》·卷129。
② 刘珊珊：《明长城居庸关防区军事聚落防御性研究》，天津大学博士学位论文，2011年，第46页。
③ 《明宪宗实录》卷十一《天顺八年十一月庚戌朔》，第229页。
④ 刘珊珊：《明长城居庸关防区军事聚落防御性研究》，天津大学博士学位论文，2011年，第82页。

　　万历元年（1573年）长峪城建新城，名为长峪新城。万历和天启年间，旧城损毁不断，期间历经多次修整。1981年在全国第二次文物普查中，曾在长峪城附近普查到一方石刻，长0.45米，宽0.3米，厚0.04米，可辨认及推测的字迹如下：

　　长峪城／万历肆拾壹年春防（万历二字为推测）／主□军匠肆百名拆／修完旧城北面旱门／□西贰等稍城长拾／丈底阔壹丈陆尺收／□壹丈肆尺高连垛／贰丈操守戴承恩／□□魏相等官修者

　　另有天启年间与修城有关的石刻，字迹如下：

　　长峪城／天启三年春防□兵／工匠三百九十二名／拆修完旧城北面二／城□九丈八尺系／知工头／官修

　　崇祯年间，长峪城的级别有所上升，此时长峪城亦设守备。长峪城军事级别的变化，可能与明末农民军的活动地域日近京师有关①。

　　清顺治元年（1644年），李自成攻陷京师，崇祯皇帝殉国。吴三桂降清，协助多尔衮入关，占领北京。清承明制，设顺天府五州二十二县，昌平是五州之一，长峪城仍然归昌平州管辖。1662年，大清爱新觉罗玄烨继位，史称康熙帝。康熙皇帝认为"守国之道，惟在修得民心，民心悦则邦本固，而边境自固，所谓'众志成城'者是也"，因此广纳版图，以民心拱卫国家。康熙三十年（1691年）的"多伦会盟"将蒙古族所在漠北纳入中国版图作为北疆屏障，从康熙三十五年（1696年）起，维吾尔族逐渐内附清朝，长城的军事防御作用逐渐弱化，长峪城等军事聚落逐渐演化为自然村落。

　　这种戍边军事聚落开始回归于普通聚落的自然发展演进历程中，由于有前朝的屯田历史，使得大多数堡寨在军事功能丧失后，没有沦为废墟，而演化为今天的村落②。

---

①　故宫博物院：《故宫学刊·2013年·总第10辑·故宫博物馆》，北京：故宫出版社2013年版，第436～439页。
②　陈喆、张建：《长城戍边聚落保护与新农村规划建设——以昌平长峪城村庄规划为例》，《建筑学报》2009年第4期，第36页。

1.2.2　民国时期

1912 年 1 月，中华民国成立。1913 年 10 月，北平政府公布《京兆尹官制》，将顺天府改名为京兆地方[①]，管辖原顺天府中二十县。长峪城村所属的昌平州改称昌平县，属京兆地方。

1937 年 7 月 7 日发生卢沟桥事变，抗日战争爆发，日本军队向华北腹地大举进攻。7 月底，日寇相继占据了北平、天津后向北部南口地区挺近，意图消灭后方的中国军队后沿平绥路犯入山西，继而爆发了"南口战役"。从抗战史上看，长峪城一带爆发中日对抗只有这一次。

8 月 8 日，日军进攻得胜口，战役开始爆发（图 1-2-3）。日军重兵正面攻打南口地区，我国守军顽强抵抗，日军久攻不下。16 日，日军避开南口正面，企图从南口右翼的长峪城、镇边城、黄楼院一带，迂回至怀来，从背后攻击我国南口守军。日军对包括长峪城在内的前、后七村（漆园、瓦窑、高崖口、马刨泉、老峪沟、禾子涧、长峪城、大村、镇边城等）进行烧杀抢掠[②]，各村组织兵团，自发抵抗。

8 月 19 日，双方在黄楼院、禾子涧一带反复争夺阵地。我军连日激战，过度伤亡，第七集团军前总指挥汤恩伯决定缩短战线，长峪城一带的战事愈发激烈。21 日，日军向横岭方面发动进攻，我国军队伤亡惨重，于是增援兵力固守长峪城。第 72 师第 415 团增援，固守灰岭子、长峪城一线阵地[③]。22 日，长峪城北沿守军阵地被日军突入，我方第 72 师第 416 团增援反击，将所失阵地夺回[④]。

8 月 27 日，日军最终攻占居庸关，南口战役结束。虽然南口战役在事实上失败，但战役对抗战精神的感召具有非凡意义，中共中央机关刊物《解放》周刊对南口战役给予了高度评价。

[①]　傅林祥、郑宝恒：《中国行政区划通史 中华民国卷》，上海：复旦大学出版社 2007 年版，第 354 页。

[②]　中共昌平县委党史办公室：《燕平抗日烽火：昌平人民抗日斗争资料选辑》，1987 年版，第 33 页。

[③]　中共北京市委党史研究室：《北平抗战简史》，北京：北京出版社 2015 年版，第 50 页。

[④]　傅林祥、郑宝恒：《中国行政区划通史 中华民国卷》，上海：复旦大学出版社 2007 年版，第 354 页。

图 1-2-3 南口抗战示意图（来源：中共北京市委党史研究室《北平抗战简史》）

10月，日军展开"秋季合围扫荡"，国民抗日军从北平近郊向昌平西山转移。国民抗日军的一总队来到长峪城村，长峪城村民团团总罗长奎带着大约700人盘踞在山上①，与国民抗日军对峙。国民抗日军组织者和领导人之一、解放后人民海军航空兵参谋长纪亭榭，为团结当地民团共同抗日，和民团团总罗长奎认了干亲，罗长奎之子罗贵斌

① 中国人民政治协商会议北京市海淀区委员会文史资料委员会：《海淀文史选编 第9辑 纪念抗日战争胜利50周年专辑》，1995年版，第146～147页。

认纪亭榭为干爹①。从此军地两家团结一致，至今在长峪城村一带仍然传为佳话。

随着抗日战争的深入和平西抗日根据地的建立，一批党的地下工作者和进步人士进入被日寇占领的昌平山区，秘密开展一系列推动抗日进程的工作。长峪城村成为抗日革命工作中重要的一部分。

1938年，八路军挺近平西，开创抗日根据地。3月成立昌宛联合会，建立中共昌宛县委②。5月至6月，上级派出平西工作队秘密到昌平西部山区长峪城、老峪沟宣传抗日主张、开展革命运动，首先在长峪城村发展1人入党③。同年又在长峪城、老峪沟、马刨泉村发展4人入党。后因为八路军及党的地方干部两次撤回平西，党员中断与党组织的联系。此后曾成立昌宛怀联合县，初期县政府就设在长峪城的旧城。

1940年，永丰屯村小学校成立地下党支部，除开展地下工作外，该支部着力建立地下交通线，以解决日寇所占领地对北平、天津过往平西根据地的同志造成的威胁。在艰苦努力下，昌平境主要建立了两条地下交通线，长峪城为交通线上的地下联络点之一。两条交通线分别为"永丰屯——栢峪口——长峪城——镇边城——平西根据地"及"念头火车站——经阳坊——漆园村——淤白（或妙峰山）——斋堂——平西根据地"。直到1942年支部撤销，两条交通线护送过往革命同志近百人④。

1945年9月2日，日本接受了《波茨坦公告》，正式宣布无条件投降。9月9日，中国战区日军投降仪式举行，抗日战争结束。长峪城归属国民党统治的河北省冀东道昌平县。

1946年9月，国民党军企图攻占张家口，长峪城为国民党军进攻方向的一个节点。国民党军沿平绥铁路分两梯队，企图攻占延庆迂回

① 中共昌平县委党史办公室：《燕平抗日烽火：昌平人民抗日斗争资料选辑》，1987年版，第35页。

② 政协北京市昌平区委员会：《昌平文史资料 政协专辑》，2011年版，第259页。

③ 《北京百科全书》总编辑委员会、《北京百科全书·昌平卷》编辑委员会编：《北京百科全书 昌平卷》奥林匹克出版社、北京：北京出版社2002年版，第106页。

④ 刘建主主编，中共北京市委教育工作委员会、北京教育学院编写：《丰碑 1949年以前北平基础教育系统党的活动纪实》，北京：北京出版社2005版，第241页。

怀来，攻进解放区夺取张家口，阻断东北、华北两解放区的联系[1]。国民党军正面进攻怀来屡被击退，企图从西峰山、马刨泉、横岭方向迂回怀来，长峪城村成为国民党军进攻方向。据资料记载，10月9日敌兵分三路向我军进攻，其第43师128团经禾山铺向长峪城村、横岭方向进攻[2]。

1948年11月，平津战役打响，盘踞在昌平、南口地区的国民党军被人民解放军歼灭。12月，解放军部分指挥员进入昌平城，随后昌平全境解放[3]。河北省设通县专区，辖包括昌平县在内的13县及通县城关区。从昌平解放到1949年4月，全县共划分为9区、3镇，长峪城为389个行政村之一。

1.2.3 新中国成立至今

1949年1月，北京和平解放。1949年10月，中华人民共和国成立，长峪城村兴建小学、幼儿园等教育设施。新中国成立后，昌平地区进入经济和社会事业恢复时期，社会秩序逐渐稳定，开始进行土地改革和农业互助合作，发展农业生产，并兴修水利和发展教育卫生事业。长峪城村在新中国成立初期建设长峪城村小学[4]（图1-2-4），随后建设长峪城村幼儿园。

1953年，长峪城乡成立，管辖长峪城村。1952年北京市政府召开"北京市郊区划乡工作会议"，统一郊区基层政权建置，明确乡、镇

图1-2-4 长峪城村小学旧址

① 《中国人民解放军历史辞典》编委会编：《中国人民解放军历史辞典》，北京：军事科学出版社1990年版，第361页。
② 王洪光：《血色财富》，北京：长征出版社2012年版，第402～404页。
③ 王振华：《昌平文史资料 第4辑》，北京：中国文史出版2006年版，第67页。
④ 张涛：《流村镇志》第二卷《风水天成》，北京：人民出版社2011年版，第154页。

为农村基层政权，不再设行政村，乡以下为自然村，村不再是一级政权 [1]。1953年，昌平县撤村政府建区辖乡，全县形成6区、3镇、108乡、389个行政村，设立长峪城乡，管辖长峪城村、黄土洼村，属昌平县六区。

1956年1月，长峪城乡等三乡并为老峪沟乡，下辖的长峪城村称万里社。昌平县第一次人民代表大会召开第四次会议，会议通过了关于"合并扩大乡制"的决定，撤销区的建置，扩大乡建制。2月，昌平撤县设区划归北京市管辖（原辖区内高丽营镇除外），北京市调整郊区乡镇建置和行政区划调整方案，昌平区设立2个镇、30个乡。长峪城、马刨泉、禾子涧三乡合并定名老峪沟乡（图1-2-5），下属五个小社：马刨泉称开源社、老沟峪称峪光社、禾子涧称禾丰社、黄土洼称禄丰社、长峪城称万里社。

1958年，长峪城村实现人民公社化。这一时期开展的人民公社化运动，对基层政权产生长远影响。昌平区废除乡建置，全区建立5个政社合一的人民公社，下辖26个工作站，290个大队。长峪城村属老沟峪工作站，为前进人民公社所辖，公社后改名为南口人民公社。

1960年1月，撤销昌平区设立昌平县。1961年，昌平县5个人民公社划分为23个人民公社，长峪城村所属老沟峪为23个公社之一。

1964年，长峪城村兴修水利设施。这一时期昌平地区兴修水利、兴办工业，长峪城村地处山区受地形条

图1-2-5　1955年长峪城、马刨泉、禾子涧三乡合并

---

[1]　北京市民政局、北京市测绘设计研究院编制：《北京市行政区划图志 1949-2006》，北京：中国旅游出版社第2007年版，第42页。

件影响，基本不发展工业生产，但在村北龙潭泉下游 0.8 公里处修筑塘坝一座，蓄水 3 万立方米。1974 年进行防渗加固，蓄水能力达到 8 万立方米，可供长峪城、黄土洼、马刨泉等村生活用水及 960 亩耕地灌溉使用。

1966 ～ 1976 年"文化大革命"时期，长峪城村的生产生活秩序受到冲击，历史文化遗产受到一定程度破坏。据村民回忆，长峪城村北的大龙王庙、城北的祯王庙等宗教建筑在这一时期被严重破坏，对长峪城村原有历史文化造成影响。

1978 年改革开放以来，昌平地区贯彻党的十一届三中全会精神，坚持以经济建设为中心，不断深化改革，扩大对外开放，坚持经济和社会各项事业的全面发展。1992 年后，该地区深入贯彻邓小平南方重要讲话和中共十四大精神，推进社会主义市场经济改革。长峪城村在改革开放和深化改革的阶段，得益于国内经济发展的推动，村民的生活水平有所提高。

1997 年，长峪城村随老峪沟乡调整并入流村镇。昌平县区划调整，长峪城村所在老沟峪乡，同流村乡、高崖口乡合并，组建流村镇（图 1-2-6）。长峪城村随老沟峪乡被划入流村镇，为流村镇管辖 28 个行政村之一，至今未有大的变动。

1999 年，北京市撤昌平县，设立昌平区。

2004 年，长峪城村对外交通发展。流村镇召开镇政府会议讨论 9 项涉及民生的重要工程，长峪城村至黄土洼村的道路建设受到区政府支持，长峪城村通过交通条件的改善，逐渐融入镇域交通网路。

2007 年，长峪城

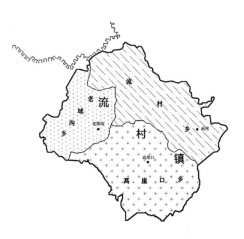

图 1-2-6 1997 年老沟峪、流村、高崖口三乡合并

村被确定为区级新农村建设示范村。这一时期流村镇调整全镇发展思路，在生态立镇、农业稳镇的发展战略指导下，提出建设生态旅游区和生态农业观光区。在全面落实科学发展观，推进社会主义新农村建设的浪潮中，流村镇确定菩萨鹿村为市级新农村建设试点村，同时确定一批区级新农村建设示范村，长峪城村位列其中。

2008 年以来，新农村建设大力推进了长峪城村基础设施的完善，随国家扶贫工作、山区生态修复等工作的开展和推进，长峪城村的人居环境得到改善和提升。在沟域经济建设的背景下，长峪城村依托地处山区的自然资源优势，以及城墙、城门等古代军堡遗存组成的历史文化资源，发展民俗旅游，第三产业蓬勃发展，并屡获殊荣。

2013 年长峪城村列入中国传统村落名录，2014 被北京市委农村工作委员会等部门评为 2013 ~ 2014 年度北京最美的乡村，2018 年列入北京首批市级传统村落名录。

1.3 长峪城与明长城军事防御体系

长城是我国古代重要而宏伟的边关防御工程，所谓"畿辅、边关相为表里，彼固则此安，外宁静则内谧"[1]，而明代可以称的上是中国历史上关隘体系最为完整和成熟的时期[2]。著名学者金应熙曾提出"长城并不单是一条防御线，而是形成一个防御网的体系"，因此长城并不仅是一道道边墙，而是长城边防地区中，由各等级军事防御单元共同组成的联合体系。军事防御单元的等级由总兵镇守制度与都司卫所制度并存的双重体制所界定，其中总兵官镇守制度发挥的作用更为凸显[3]。

明代京师北部边关建立的防御体系最终形成"九边"的格局，"九

---

① （明）王士翘：《西关志·居庸关》卷六《章疏》,北京:北京古籍出版社 1990 年版,第 192 页。

② 安介生：《走进中国名关》,长春:长春出版社 2007 年版，第 24 页。

③ 赵现海：《明代九边军镇体制研究》,东北师范大学博士学位论文,2005 年，第 142 页。

边"即为九个边关军事重镇,在明中叶后演化为九边十一镇,长峪城隶属于从蓟镇析出的昌镇。镇之下分列次一级防御单位"路",每路管辖多个隘口,隘口上设有关城、堡寨、墩台等建筑形式。昌镇下分三个"路"级单位,其中的横岭路下辖四城,包括长峪城、白羊城、横岭城和镇边城。居庸关扼控关沟,自古以来军事战略地位显著,是昌镇与宣镇、蓟镇等周边重镇共同联防的重要节点,其联控范围形成了居庸关防区,横岭路四城是居庸关防区西部的重要支撑。

可见,长峪城是昌镇横岭路防御体系中的重要军堡,与白羊城、镇边城、横岭城有密切的联防关系,共同拱卫居庸关防区西部地区(图1-3-1)。长峪城曾设守御千户所,历经把总、守备驻守,是具有一定等级的军事防御单元。此外,长峪城下辖有23个隘口,独立形成以长峪城为核心的、隶属于横岭路的防御网络。

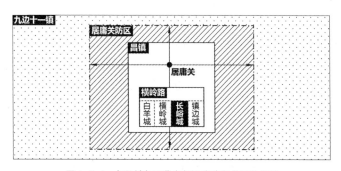

图1-3-1 长峪城与明代各级军事防御单元的关系

1.3.1 长峪城与九边十一镇

明建国后,受旧朝残余势力南下侵袭和蒙古贵族反复侵扰,明朝政府为巩固北方防务,从永乐至嘉靖年间,依据山川险要等地形特征,构建环抱京师的防御体系,最终形成了九边重镇的防御格局。九边重镇沿明长城防线逐次设立,以军事防御为主要功能,是相对于京师腹地具有一定独立性的军事防守区域。

九边重镇萌发于洪武,确立于嘉靖。朱元璋平定北方后为防范蒙元残余势力侵扰，命随军大将充任北边最高军政将领镇守边疆，实行军政合一的管理制度，是为"大将镇守制度"①。为抵御蒙古贵族的侵扰，朱元璋在北方前线置立了燕、宁、辽、代、谷、庆、肃、晋、秦等9个塞王，并将他们分布在长城沿线的重要关津②。洪武二十三年（1390年）之后，朱元璋为抑制诸将、巩固王室，通过抬高塞王的方式弱化边关大将权力，在洪武二十八年（1395年）"塞王镇守制度"完全形成。靖难之役后朱棣延续塞王镇守期间的地理格局，派遣功臣镇守边疆，形成九个守卫边陲的军事重镇。

据《明史·兵志》记载："初设辽东、宣府、大同、延绥四镇，继设宁夏、甘肃、蓟州三镇，专命文武大臣镇守提督之，又以山西镇巡统驭偏头三关，陕西镇巡统驭固原，亦称二镇，遂为九边"。九边重镇中设有辽东、蓟州、宣府、大同、太原（山西、三关）、榆林（延绥）、宁夏、固原（陕西）、甘肃九个边镇。历史上多以"九边"形容明朝九镇，如明魏焕所撰《皇明九边考》、明许论所撰《九边图论》。但九边重镇随着边关防御形式的变化，以及不同史书对军镇设立标准的界定差异，演化出更多军事重镇，但"九边"的说法延续至今。如明中叶后，为加强明陵防务，蓟州镇析出昌镇及真保镇，合成九边十一镇。

长峪城所在地区隶属昌平，昌平原属于蓟州镇，后从蓟州镇析出独立为镇，长峪城随之被划入昌镇。

蓟镇因蓟州得名，也称蓟州镇，在洪武年间设置蓟州卫。永乐二年（1404年），明廷放弃外边防御，古北口至山海关一带长城由内边成为直面敌寇的前线，缘起了蓟州镇的建置。宣德三年（1428年），明代朝廷设立总兵官镇守蓟州、永平、山海等处，《明宣宗实录》中记载："命阳武侯薛禄充总兵官，遂安伯陈英为左参将，武进伯朱冕为右参将，率领官军，镇守蓟州、永平、山海等处，操练军马，并提督各关隘口，谨慎提备，遇有贼寇，相机剿捕，所领官军，悉听节制"③。

① 赵现海：《明代九边军镇体制研究》，东北师范大学博士学位论文，2005年，第41～50页。
② 刘珊珊：《明长城居庸关防区军事聚落防御性研究》，天津大学博士学位论文，2011年，第61页。
③ 《明宣宗实录》卷四十七《宣德三年冬十月己卯朔》，第1153～1154页。

嘉靖二十九年（1550年）庚戌之变，俺达从古北口等蓟州镇管辖区域突围，兵临京师。蓟州镇防御问题暴露，明代朝廷下令改组，设立总督一员，由此提高了蓟州镇的军事战略地位，成为九边之中最为重要的军镇[①]。

昌平原属蓟州镇，初设副总兵，又设有提督，负责防守蓟镇居庸、紫荆等处防务[②]。嘉靖三十年（1551年），巡按直隶御史赵绅言："居庸关、黄花镇实陵寝门户，命设都御史，驻守昌平，拱护皇陵，而二关镇不在所属，设一时有警何以调遣策应？宜自渤海所起，至黄花镇、居庸关及白羊口、长峪城、镇边城、横岭口一带，一切防守事业俱属其经理，参将二员俱听其调度，仍听蓟辽总督节制为便"[③]，蓟州镇分为蓟州和昌平二镇，但仍依附于蓟州镇，与蓟辽总督辖下的辽东、保定等四镇，及居庸、山海、紫荆三关，并称"四镇三关"（图1-3-2）。

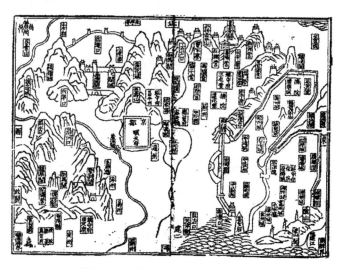

图1-3-2 四镇总图（来源:《四镇三关志》）

---

① 赵现海:《明代九边军镇体制研究》，东北师范大学博士学位论文，2005年。
② 河北省地方志编纂委员会:《河北省志》第81卷《长城志》，石家庄：河北人民出版社，第246页。
③ 赵其昌:《明宝录北京史料 三》，北京：北京古籍出版社1995年版，第426页。

　　嘉靖三十九年（1560年）昌平提督云冒"改充总兵官，镇守居庸、昌平等处，原设提督官罢勿补，以冒兼之"[①]，昌镇总兵官的设立使昌平最终独立为镇，名为"昌平镇"或"昌镇"。由原蓟州析出渤海所、黄花镇、居庸关、白羊口、长峪城、横岭口、镇边城等诸城堡长城线（东起慕田峪关，西至紫荆关，全长230公里）归属昌平镇管辖，主要负责京后防御，尤其是皇陵保护[②]。

　　昌镇总兵官下设分守参将三员，对应形成居庸路、横岭路和黄花路（图1-3-3）。九边武职官员对应防御体系的垂直分级，形成"镇守总兵官－协守副总兵－分守参将、游击将军－守备－提调－千总－把总"等一系列职务。分守参将的驻地、守备的驻地是"路"级单位中的重要军堡，这些重要军堡即受"路"级单位的指挥调度，自身也具有一定的管辖范围，是控制若干隘口的指挥节点。长峪城建成曾设守御千户所，后有把总、守备驻关，是昌镇横岭路四座重要军堡之一。

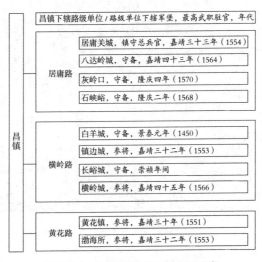

图1-3-3　昌镇下辖路级单位及重要军堡

①　《明世宗实录》卷四八七，嘉靖三十九年八月癸亥条，第8118页。
②　赵现海：《明代九边军镇体制研究》，东北师范大学博士学位论文，2005年，第66页。

1.3.2 长峪城与居庸关防区

北京西北处山岭延绵、群山环抱，京师及塞外之间依据山势走向和地形分割，在两山相夹处形成的沟通南北的天然孔道。孔道之间山势蜿蜒交错，凹凸曲折之间形成各式天然关隘，这些关隘是进入北京的必经之处。明代在大小关隘兴修城堡、屯兵设防，使西北山区成为天然地形与人工防务结合的京师防御地区。居庸关自古为重要关城，与紫荆关、倒马关共同组成守卫京师的内三关，所谓"三关实北门锁钥，内障畿辅，外控诸边"[①]，是几近畿辅、京师的重要内部防线。

居庸关所在沟谷地带，是太行山脉西山和燕山山脉军都山的地形分界线，位于"太行八陉"中的第八陉，因居庸关而得名为关沟。《南淮子》说的"天下九塞，居庸居其一"，指的就是关沟上的居庸关。关沟是北京与蒙古之间距离最短的通径，自古是兵家必争之地，明永乐十九年（1421年）迁都北平后更是守卫京师的战略关要。明洪武元年(1368年)至嘉靖三十年(1551年)，明代朝廷先后在关沟筑居庸、南口、上关、八达岭、岔道五座城，插藩篱受险阻。以示金汤之固[②]。

居庸关的军事防御可分为三个层次，分别是居庸关城、居庸关沟和居庸关防区[③]。居庸关城即明朝开国将领徐达、常遇春在洪武年间所建的关城，据记载："徐达、常遇春北伐燕京，元主夜出居庸关北遁，二公遂于此规划建立关城，以为华夷之限"[④]，说的就是今天昌平境内的居庸关。居庸关沟由居庸、南口、上关、八达岭、岔道五座城所组成，东南起于南口，西北至八达岭，居庸关处在中间位置，五城共同形成拱南控北的居庸关沟防线（图1-3-4）。

---

① （明）王士翘：《西关志·居庸关》卷六《章疏》，北京：北京古籍出版社1990年版，第189页。

② 《北京百科全书 总卷》编辑委员会编：《北京百科全书 总卷》，北京：奥林匹克出版社2001年版，第159页。

③ 刘珊珊、张玉坤、陈晓宇：《雄关如铁——明长城居庸关关隘防御体系探析》，《建筑学报》，2010年第二期，第14～18页。

④ （明）王士翘：《西关志·居庸关》卷一《城池》，北京：北京古籍出版社1990年版，第21页。

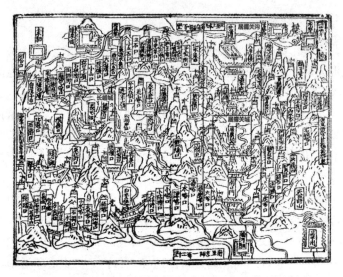

图 1-3-4　明代居庸关防御体系与长峪城（来源：《西关志》）

　　居庸关防区在明代不断修筑长城的过程中逐渐扩大和形成，"居庸关，东至西水峪口与黄花镇界九十里；西至坚子峪口紫荆关界一百二十里；南至榆河驿宛平县界六十里，北至土木驿新保安州界一百二十里，南至京师一百二十里"①。有学者认为居庸关防区是居庸关沟往外围延伸扩展，范围涵盖整个居庸关的戍守边界，横跨昌平、隆庆、保安 3 州，方圆数百里的区域②。防区以居庸关为中心，分别形成东路、西路、中路、南路、北路五条防线。

　　长峪城在居庸关防御体系中，属于居庸关防区中的西路，对应昌镇的横岭路，由白羊城、横岭城、长峪城和镇边城组成。居庸关西路防线向西直接通往塞外，向南临近重要关城，所在地理位置的军事作用十分显著，"居庸所辖白羊、镇边、长峪以达横岭，西通土木、

---

① （明）王士翘：《西关志·居庸关》卷一《疆域》，北京：北京古籍出版社 1990 年版，第 12 页。

② 刘珊珊、张玉坤、陈晓宇：《雄关如铁——明长城居庸关隘防御体系探析》，《建筑学报》，2010 年第二期，第 14~18 页。

怀来之地,南距紫荆、沿河等口仅三十里许"①。这一地区"中多蹊间,可容来往"②,镇边、长峪、横岭、白羊、灰岭"等处通贼道路甚多"③,居庸关、白羊口一带"紧要通贼道路有二十三处"④,关隘及孔道等通贼道路众多,设城屯兵为攘外以稳固京师的必要条件。

居庸关所在关沟重重设防、易守难攻,外虏常迂回至白羊、镇边进行突围,因此西路防线颇受明廷重视,不断优化和调整防御格局。经景泰元年(1450)白羊口堡设守御千户所,弘治十八年(1505)筑横岭城,正德十六年(1521)长峪城和镇边城修筑完工,形成四城拱卫居庸关西路的格局,也是昌镇横岭路下辖的四个重要控制点。

昌镇横岭路下辖四个军堡概况如下:

白羊城,上跨南北两山,下当两山之冲。设有东西城门楼2座,东月城门1空,敌楼4座,水旱门5空,城铺15间,护城墩12座。

横岭城,上跨东西两山,下当两山之冲。设有铁门3座,水门2空,敌楼2座,闸楼1间,吊桥1座,护城墩2座。

长峪城,上跨东西两山,下当两山之冲。设有城门2座,水门2空,敌台2座,角楼1座,城铺10间,边城4道,护城墩6座。

镇边城,上跨东西两山,下据东口之冲。设有城门楼2座,角楼2座,水门2空,城铺13间。

1.3.3 长峪城与横岭路四城

横岭路各口建城的缘起彼此联系,白羊口最先建城,横岭城其次,长峪城、镇边城最后同年建成。自居庸关西四十里为白羊

① (明)王士翘:《西关志·居庸关》卷六《章疏》,北京:北京古籍出版社1990年版,第180页。
② (明)王士翘:《西关志·居庸关》卷六《章疏》,北京:北京古籍出版社1990年版,第180页。
③ (明)王士翘:《西关志·居庸关》卷六《章疏》,北京:北京古籍出版社1990年版,第206页。
④ (明)王士翘:《西关志·居庸关》卷六《章疏》,北京:北京古籍出版社1990年版,第210页。

口，逾山四十里为长峪城，又逾岭三十里为镇边城，又北去二十里为横岭口 [①]。最终确定了"白羊口堡所守在内"，"长峪、镇边二城所守在旁" [②]，横岭城扼外的京师西北部、居庸关西南的防御形态（图1-3-5）。

图 1-3-5　居庸关长城与横岭路四城

白羊城"原设旧城，景泰元年重建"，因向东与居庸关连接，向西与紫荆关相连，自古与各重要关口比肩，战略地位较高，因此建城时间最早，"居庸关、白羊口一带关隘外临宣府、怀来等处虏骑驰骋之地，虽系腹里，无异边关，况迫近京师、陵寝，较之诸镇更当严备" [③]。正统十四年（1449）土木之变后，明代朝廷"命塞居庸关以西一带山口，

① （明）王士翘：《西关志·居庸关》卷六《章疏》，北京：北京古籍出版社1990年版，第191页。

② （明）王士翘：《西关志·居庸关》卷六《章疏》，北京：北京古籍出版社1990年版，第185页。

③ （明）王士翘：《西关志·居庸关》卷六《章疏》，北京：北京古籍出版社1990年版，第210页。

以杜达贼来往", 白羊口军事防御作用受到重视, 于景泰元年（1450）三月修筑城堡[①]（图1-3-6）。

图1-3-6 景泰元年（1450）重建白羊城

景泰元年（1450）五月, 白羊城设守御千户所拦截房犯, 但此时明朝国力转衰, 边关军事压力剧增, "白羊所守在内, 其外口空旷, 仍失前守"的防守弊端显现[②], 也就是说白羊城所在的隘口所守近内, 而外部地区存在守卫缺失的问题, 与敌寇的屡次冲突中, 暴露了白羊城以外地区的防御缺陷。

在成化、弘治年间, 为解决白羊城以外地区防守空旷的问题, 新建了横岭城, "西循白羊口后, 逾岭四十五里得见横岭口地方, 直通怀来, 山坡平缓, 系贼来路, 当就横岭中间筑堡城一座, 草盖营房, 陆续拨隆庆卫所军人七十名在彼守把"。横岭城的南北两道城墙分别在不同时期建成, 弘治十八年（1505）修建横岭口北城一道, 正德八年（1513）修建南城一道, 南北二道共同为堡城一座。随着横

① 故宫博物院:《故宫学刊·2013年·总第10辑·故宫博物馆》, 北京: 故宫出版社2013年版, 第436～439页。

② （明）王士翘:《西关志·居庸关》卷六《章疏》, 北京: 北京古籍出版社1990年版, 第181页。

岭城的添筑，这一时期形成了白羊城守内，横岭城守外的防御布局（图 1-3-7）。

图 1-3-7　弘治十八年（1505）建横岭城北城，正德八年（1513）添修南城

横岭一线虽然已加强防务，但正德十一年（1516）仍然受外敌侵扰再度失事。横岭城"地势高阜，难于得水，军各潜散村落住过"①，横岭及上常峪（即长峪城一带）二口的防务较为薄弱，"见在官军，横岭五十员名，上常峪二十余名，无事亦见势轻，有事实难防守"②，且分散各处的岔道"城栅军少，全不足恃"③，由此导致了防御问题的存在。

正德十四年（1519）四月，明廷意识到居庸关东西路防御薄弱，下旨要求兵部考察可修筑城堡的地方，缘起了长峪城和镇边城的建置。明廷命差都御史李瓒"经略东西关隘，添筑墩堡"，经视察"深以为横岭最为要害，虏骑易乘"④，认为居庸关西路的灰岭口、上常峪两个

①　（明）王士翘：《西关志·居庸关》卷六《章疏》，北京：北京古籍出版社 1990 年版，第 182 页。
②　（明）王士翘：《西关志·居庸关》卷六《章疏》，北京：北京古籍出版社 1990 年版，第 98 页。
③　（明）王士翘：《西关志·居庸关》卷六《章疏》，北京：北京古籍出版社 1990 年版，第 193 页。
④　（明）王士翘：《西关志·居庸关》卷六《章疏》，北京：北京古籍出版社 1990 年版，第 181 页。

地区"外接怀来所辖隘口计一十二处,曾经达虏出没"①,因此在横岭东西两处新建长峪城和镇边城,"相度本岭东二十五里筑长峪城,南去二十里筑镇边城,以辅横岭把截"②。此外,长峪城"迤北出上常峪口,迤西出瀰竿峪口即通外地"③,因此除了辅助横岭一带的防务,自身也处在相对重要的地理位置中。

正德十五年(1520)长峪城与镇边城开始修建,正德十六年(1521)同时建成(图1-3-8)。镇边城"六百八十有奇数",长峪城"减十之五",长峪城和镇边城建于正德末年,最终命名是在嘉靖皇帝在位的时候,"工讫改名,灰岭口曰镇边城,上长峪口曰长峪城"④。长峪城"修完城堡一座,周围三百八十丈,高一丈八尺,阔一丈六尺,垛口俱全。穿完井二眼,深各五丈五尺。起盖过城楼、铺舍、营房共一百三十七间。护城堡两座"。同时在兵力配置上"召募军余三百余名应军"⑤。

图1-3-8 正德十六年(1521年)长峪城和镇边城修建完工

① (明)王士翘:《西关志·居庸关》卷六《章疏》,北京:北京古籍出版社1990年版,第181页。
② 《明世宗实录》卷2。
③ (明)王士翘:《西关志·居庸关》卷六《章疏》,北京:北京古籍出版社1990年版,第199页。
④ 《明世宗实录》卷2。
⑤ (明)王士翘:《西关志·居庸关》卷六《章疏》,北京:北京古籍出版社1990年版,第182页。

万历元年（1573年），受地形限制，长峪城发展无法满足要求，另建新城，命名为"长峪新城"（图1-3-9）。新城坐落在一旁的山坡上，居高临下。据《读史方舆纪要》记载，"又西北四十里曰长峪城，其西小城亦曰长峪新城"。

图1-3-9　万历元年（1573年）新建长峪新城

长峪城与白羊城、横岭城和镇边城武职军官配置的变化反映了四城防御等级的消长。终明一带，九边重镇地区实行总兵镇守制度与都司卫所制度并存的双重体制[①]，两种制度在军事权利争夺的较量中，总兵官镇守制度在渗透中最终虚化了都司卫所制度[②]。因此观察长峪城等横岭路四城防御等级变化，需兼顾两种制度视角，侧重总兵镇守制度下的变化。

（1）都司卫所制度视角下的防御等级

都司卫所是明代地方军事机构，在不设府、州、县地区也监理民事，具有行政职能，为明代地方行政制度的组成部分[③]。卫所是明代军事管理单位，按中央与地方关系划分为京卫所和在外卫所。各

---

① 赵现海：《明代九边军镇体制研究》，东北师范大学博士学位论文，2005年，第142页。

② 赵现海：《明代九边军镇体制研究》，东北师范大学博士学位论文，2005年，第142页。

③ 赵永复：《鹤和集》，上海：上海人民出版社2014版，第29页。

省都指挥司作为地方最高军事管理机构，分领各地在外卫所，与京卫所共同受最高机构大都府的节制。洪武十三年（1380年）为防止集权，大都督府分为前、后、左、右、中五军都督府，在地方上形成了"五军都督府－各省都指挥司－卫－所"的军事管理层次。根据《明史·兵志》，"大率五千六百人为卫，千一百二十人为千户所，百十有二人为百户所。所设总旗二，小旗十，大小联比以成军"。所分为千户所及百户所，守御千户所属于千户所的一种，与卫同等级，直接隶属于都指挥司。

长峪城及镇边城在正德年间建成时置守御千户所，但长峪城守御千户所即立即废[1]。白羊口因地位突出建置最早，在元代已设守御千户所。景泰元年（1450年），广宁伯刘安奏调涿鹿中千户所官军一千余名，在已有旧城的基础上筑白羊口堡[2]，同年五月设置白羊口守御千户所，隶属于涿州中卫（涿鹿中卫）[3]。正德十六年（1521）置长峪城守御千户所、镇边城守御千户所，"至是功讫，议名灰岭口曰镇边城，上常峪曰常峪城，调别堡军士屯守，灰岭口千人，上常峪三百人，改设守御千户所"[4]，均隶属于隆庆卫。但长峪城守御千户所在万历《明会典》卷108、《明史》卷90、《兵志二》俱无记录，郭红、靳润成在《中国行政区划通史》中推测长峪城千户所设立后不久即废[5]。

（2）总兵镇守制度视角下的防御等级

总兵镇守制度中，镇守总兵官是一镇的最高军事长官，协守副兵官分管若干路，各路分别由对应的分守参将所负责。守备负责城堡，提调守卫关口，十个敌台设置千总，五个敌台设置把总。

---

① 郭红、靳润成：《中国行政区划通史 明代卷》，上海：复旦大学出版社2007年版，第355页。

② 故宫博物院：《故宫学刊·2013年·总第10辑·故宫博物馆》，北京：故宫出版社2013年版，第436–439页。

③ 郭红、靳润成：《中国行政区划通史 明代卷》，上海：复旦大学出版社2007年版，第354页。

④ 《明世宗实录》·卷二。

⑤ 郭红、靳润成：《中国行政区划通史 明代卷》，上海：复旦大学出版社2007年版，第355页。

  白羊口至迟在景泰元年（1450年）已经设置守备，弘治十八年（1505）设置正式的守备公署①。正德十六年（1521年）长峪城和镇边城建成，同年白羊口守备移驻镇边城，兼制横岭，白羊口和长峪城只设把总②。嘉靖四年（1525年），恢复白羊城守备，镇边城设置把总③。嘉靖二十六年（1547年）横岭城添设把总，嘉靖二十八年（1549年）把总改为守备。

  嘉靖二十九年（1550年）发生庚戌之变，俺答破古北口关直逼皇城，京师百年安稳突遭侵袭，明代朝廷加强西北防务，四镇军事管理等级随之得到提升。嘉靖三十年（1551年）居庸分为居庸、黄花二区，嘉靖三十二年（1553年）增横岭区，同时增设横岭路参将驻镇边城，嘉靖四十五年（1566年）分守参将转驻横岭城④。横岭守备驻镇边城，镇边城把总被裁革，长峪城把总改为提调，而后镇边路参将又复移驻镇边城，横岭城为守备⑤。到了明末崇祯年间，长峪城的级别上升为守备⑥。

  从上述四镇军事管理等级变化规律中看出，长峪城的管理等级并不突处。在《西关志》中对长峪城有"山高屏蔽稍促"、"四山高耸，设守颇易"⑦等描述，险峻的自然地形使长峪城防守较为容易，但也阻绝了与其他城堡的军事应援关系。另有记载"横岭原系镇边城所辖，近年改分长峪，山岭高俊，不便行走，有事难以应策"⑧，较高等级的

① 故宫博物院：《故宫学刊·2013年·总第10辑·故宫博物馆》，北京：故宫出版社2013年版，第436～439页。
② 明《西关志》："查得白羊口守备于正德十六年五月初七日钦奉明旨驻劄镇边，兼制横岭。其白羊、长峪稍缓，只各设把总"。
③ 明《隆庆昌平州志》："设守御千户所，仍设提调一员。嘉靖四年添设把总一员，今复易以参将"。
④ 高建军：《明陵行宫巩华城》，北京：中国文联出版社2017年版，第93页。
⑤ 故宫博物院：《故宫学刊·2013年·总第10辑·故宫博物馆》，北京：故宫出版社2013年版，第436～439页。
⑥ 故宫博物院：《故宫学刊·2013年·总第10辑·故宫博物馆》，北京：故宫出版社2013年版，第436~439页。
⑦ （明）王士翘：《西关志·居庸关》卷六《章疏》，北京：北京古籍出版社1990年版，第183页。
⑧ （明）王士翘：《西关志·居庸关》卷六《章疏》，北京：北京古籍出版社1990年版，第200页。

军事职能要求在更大范围内调度军力，因此长峪城的驻官等级一直相对保守。镇边城及横岭城"坦途相通，万一有警，策应亦速"[1]，因此都曾作为参将驻地。而明末崇祯年间长峪城级别的上升，据推测可能与明末农民军的活动地域日近京师有关[2]。

1.3.4　长峪城及其下辖隘口

长峪城在明代长城防御体系中即是受到上级防御单位调度的被控制点，同时也是防御网络中掌握若干关隘的重要控制点（图1-3-10）。明监察御史臣郑芸曾有言"关隘之设，因天地自然之险而塞其空隙，大则关城，小则堡口；守以军官，联之以墩台，遇有警报，各守其险，远近内外势实相倚，防微杜渐，计甚严密"[3]，深刻说明了关隘与关隘之间、关隘与边墙之间的唇齿关系。

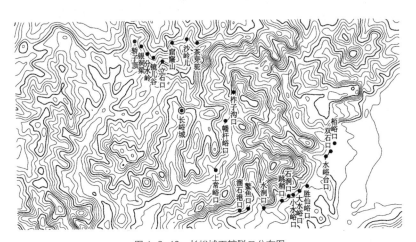

图1-3-10　长峪城下辖隘口分布图

① （明）王士翘：《西关志·居庸关》卷六《章疏》，北京：北京古籍出版社1990年版，第183页。
② 故宫博物院：《故宫学刊·2013年·总第10辑·故宫博物馆》，北京：故宫出版社2013年版，第436～439页。
③ （明）王士翘：《西关志·居庸关》卷六《章疏》，北京：北京古籍出版社1990年版，第193页。

关隘即关塞和隘口，隘口是指两山之间的狭窄通道，在这里筑城设险堵住通道是为关塞，是守军在长城上的重要据点①。这里的关隘概念则未建城堡的关口，其规模据《西关志》记载，大多数为"正城一道，水门一空"②。明代期间的永乐迁都、木土之变、庚戌之变三个重要历史事件对明长城防御体系建立的推进产生了重要影响，同时也是长峪城下辖关隘防御网络最终形成的历史背景。

永乐年间为加强对北方的控制，明成祖迁都于燕，此时京师"三面近塞，故于直隶边防尤重"，因此在大小隘口大举设防，"对于各府、州、县之一村一镇，一山一水，凡可以设险之处，无不建塞筑堡，设官列戍，以为防守之要冲"③。据《四镇三关志》记载，长峪城下24个隘口中有6个即在这个时期中建成。正统年间发生土木之变，宣府、大同受侵，白羊口、居庸关、紫荆关相继失守，敌寇直逼京师，虽然最终进攻京师未遂，但边疆防务弊端显现，弘治、正德年间仍多次失事，长城修筑事业再次兴起，长峪城就是在这时候建成的。土木之变后京师百年无警，但嘉靖二十九年（1550年）俺达率骑兵入古北口长驱直入，引起长城修筑巩固等工事。长峪城、镇边城及横岭城下边城在三十四年（1555年）准议修建④，其中"长峪城边城十五里，附墙台一座，横岭城边城三十一里，附墙台三座，镇边城边城二十一里，附墙台五座"。

《西关志》长峪城一路记载有隘口分别为长峪城关城1处、柞子沟口、上常峪口、幡杆峪口、立石口、栢峪口、双石口、水峪台口、胜仙峪口、大水峪口、小水峪口、石涧口、跳稍口、水涧口、鳌鱼口和溜石港口关隘15处，共计16处隘口。

① 《北京山区历史文化资源调研总报告》第一章《长城关隘军事文化》。
② （明）王士翘：《西关志·居庸关》卷六《章疏》，北京：北京古籍出版社1990年版，第169页。
③ （明）刘效祖：《四镇三关志》卷2《乘障》。
④ 刘珊珊：《明长城居庸关防区军事聚落防御性研究》，天津大学博士学位论文，2011年，第46页。

《西关志》记载长峪城下辖关隘[①]:

柞子沟口，里口稍缓。应建于永乐至嘉靖年间，东北至居庸关一百二十里，隶属隆庆卫地方、怀来界，有正城一道。

上常峪口，里口稍缓。应建于永乐至嘉靖年间，东北至居庸关一百二十里，隶属隆庆卫地方、怀来界，有正城一道、水门一空。

幡杆峪口，里口稍缓。始建于洪武十五年（1382），东北至居庸关一百二十五里，隶属隆庆卫地方、怀来界，有正城一道、水门一空。

立石口，外口紧要。应建于永乐至嘉靖年间，东北至居庸关一百零五里，隶属隆庆卫地方、怀来界，有正城一道、水门一空。

栢峪口，里口稍缓。应建于永乐至嘉靖年间，东北至居庸关四十五里，隶属隆庆卫地方、昌平界，有正城一道、水门三空、闸楼二间、过门二空。

双石口，里口稍缓。建于永乐十三年（1415），东北至居庸关四十五里，隶属隆庆卫地方、怀来界，有正城一道、水门一空。

水峪台口，里口稍缓。建于永乐十三年（1415），东北至居庸关四十六里，隶属隆庆卫地方、昌平界，有正城一道、水门一空。

胜仙峪口，里口稍缓。建于永乐十三年（1415），东北至居庸关四十八里，隶属隆庆卫地方、昌平界，有正城一道、水门一空。

大水峪口，里口稍缓。建于永乐十三年（1415），东北至居庸关五十里，隶属隆庆卫地方、昌平界，有正城一道、水门一空。

小水峪口，里口稍缓。建于永乐十三年（1415），东北至居庸关五十二里，隶属隆庆卫地方、昌平界，有正城一道、水门一空。

石涧口，里口稍缓。建于永乐十三年（1415），东北至居庸关五十里，隶属隆庆卫地方、昌平界，有正城一道、水门一空。

跳稍口，里口稍缓。应建于永乐至嘉靖年间，东北至居庸关五十六里，隶属隆庆卫地方、昌平界，有正城一道。

水涧口，里口稍缓。建于永乐十三年（1415），东北至居庸关六十里，隶属隆庆卫地方、昌平界，有正城一道、水门一空。

---

① 根据《西关志》《四镇三关志》《明实录》《明长城居庸关防区军事聚落防御性研究》整理。

鳌鱼口，里口稍缓。应建于永乐至嘉靖年间，东北至居庸关六十五里，隶属隆庆卫地方、昌平界，有正城一道、水门一空。

溜石港口，里口稍缓。应建于永乐至嘉靖年间，东北至居庸关六十六里，隶属隆庆卫地方、昌平界，有正城一道、水门一空。

《四镇三关志》《日下旧闻》均有记载长峪城下隘口7处，其中茶芽坨、沙岭儿、窟窿山、镜儿谷、分水岭、银洞梁6处隘口建于永乐年间，嘉靖二十五年新添轿子顶1处。《三镇边务纪要》详载此7口：

过白羊城下隘口黄鹿院后，又四里至茶芽坨西界，内外山峻，牵马可上。又二里至沙儿岭，可通人马，次冲。又二里半至窟窿山，正关外平沟有山梁，可通大举。又二里至镜儿谷，山峻，牵马可上。又二里至分水岭，内外平漫，可通大举，极冲。又二里至银洞梁，内险外平，次冲。又一里至轿子顶西黄石崖，通单骑，冲。

《四镇三关志》所记载长峪城下辖关隘①：

茶芽坨，为外口。建于永乐年间，距黄鹿院四里，距沙岭儿二里。内外山峻，牵马可上。平漫，俱通众骑，极冲。

沙岭儿，为外口。建于永乐年间，东二里至茶芽坨，西二里半至窟窿山。东、西安俱平漫，通众骑，极冲。余缓。

窟窿山，为外口。建于永乐年间。东二里至沙岭儿，西二里至镜儿谷。正关外平，沟有山梁，可通大举。水口平漫，通骑，冲。余通步，缓。

镜儿谷，为外口。建于永乐年间。东二里至窟窿山，西二里至分水岭。山峻，牵马可行。通步，缓。

分水岭，为外口。建于永乐年间。东二里至镜儿谷，西二里至银洞梁。内外平漫，可通大举。东墩至西墩警门平漫，通众骑，极冲。余通步，缓。

银洞梁，为外口。建于永乐年间。东二里至分水岭，西二里至轿子顶。内险外平。东墩至西墩山顶一道，通单骑，冲。

轿子顶，为外口。建于嘉靖二十五年 (1546)，东二里至银洞梁，

---

① 根据《四镇三关志》《日下旧闻》《顾炎武全集》整理。

西近黄石崖。平漫。东自银洞梁西墩至轿子顶墩，再以西至黄石磋，通众骑，冲（图1-3-11至图1-3-13）。

图1-3-11 永乐年间长峪城下辖关隘分布

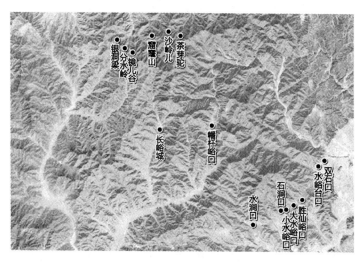

图1-3-12 正统年间长峪城下辖关隘分布

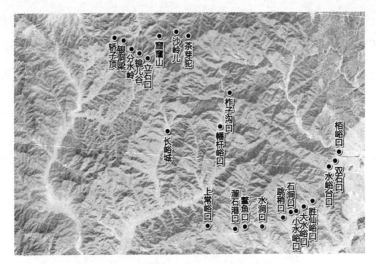

图 1-3-13　正统至嘉靖年间长峪城下辖关隘分布

第2章

墙台庙房

2.1　庙堂建筑

　　明清长城沿线的城堡是将士守卫疆土的军事聚落，抵御外敌除了建设城墙和武装兵器，往往需要精神力量来鼓舞将士，在军事聚落中发挥这一作用的，正是丰富而具有感召力的宗教文化。长城沿线军事城堡里的重要节点上，通常设置着大大小小的庙宇，以供祈求平安、表彰军绩。城堡中的庙宇并不表现出定向的宗教特征，佛教、道教中的尊者神明及各种自然神同时存在，甚至同一座院落都可能同时承载有不同的宗教信仰，长峪城中的永兴寺就有这样的特点。

　　明代长峪城的新旧两城中都分布着庙宇，城堡中的宗教建筑通常分布在重要节点上，取风水较好的位置，以寄托人们对尊者圣贤的敬重和供奉之意。据村民介绍，长峪城村内原有九座寺庙，包括永兴寺、菩萨庙、关帝庙、祯王庙、龙王小庙、龙王大庙、五道庙、财神庙、城隍庙，因自然损毁和历史原因，现今村域仅存有五座寺庙，分别是永兴寺、祯王庙、关帝庙、菩萨庙及龙潭泉水库下的龙王小庙（图 2-1-1），其中规制

图 2-1-1　长峪城村宗教建筑分布图

057

较为完整的宗教建筑是永兴寺、关帝庙和菩萨庙三座。永兴寺是其中规模较大的寺庙，村里俗称"大庙"，是春节、元宵期间民俗文化活动的主要承载空间，长峪城社戏就是在永兴寺古戏楼中表演。

本章相关建筑数据及构造形式参考自北京工业大学城镇规划设计研究所编制的《昌平区流村镇长峪城村保护发展规划》、邢军编著的《长峪城》及赵之枫等人撰写的《传统村落民居风貌引导与控制研究》。

2.1.1 永兴寺及古戏楼

1. 永兴寺

永兴寺原称"娘娘庙"，当地人俗称为"大庙"。始建于明代永乐年间，具体年代不详，清代进行过修缮。相传明朝有位皇帝派遣风水先生为其选墓，曾看中长峪城龙山和凤山所构成的好风水，最终因交通闭塞而舍弃。为了镇压龙山的风水，皇帝便下令在龙山之处修建了永兴寺。解放后永兴寺曾被作为饲料厂、库房、学校、车间和卫生所，因使用和保护不当导致风貌及功能受损。2003 年永兴寺及戏楼被定为区级文物保护单位，2008 政府出资进行修缮，现今保存情况较为良好（图 2-1-2）。

图 2-1-2　长峪城村永兴寺

寺庙坐落在长峪城村西侧的山坡上，位于新城和旧城之间，是村里最大的一座寺院，也是邻近地区规模最大且建制最全的一座寺庙，具有北方祭祀建筑的特点。永兴寺居高临下，寺后有一座小山作为龙脉，此山向西延伸融汇于太行山中。在寺的西侧有一道山梁作为环卫之砂，寺前方有一条山沟，夏季的雨水从寺院前流过，远处的山峰作为案山之用，共同组成了永兴寺的形胜之势（图2-1-3）。

图2-1-3 长峪城村永兴寺鸟瞰图

寺庙初始的规制已难考证，现今布局是经历代修缮而成。寺庙坐西北朝东南，前后二进院落，四合布局，中轴线上有山门，前殿和后殿。东侧建有东茶房、钟楼和东配殿；西侧建有西茶房、鼓楼和为戏楼所代的西配殿，是座具有一定等级、功能设施齐全的民间寺院（图2-1-4）。

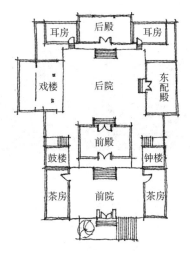

图2-1-4 长峪城村永兴寺平面图

永兴寺山门面阔一间2.59米，进深一间1.69米。过山门为前院，前殿居中，左右为茶房，茶房面阔二间6.9米，进深一间3.89米（图2-1-5）。前殿面阔三间10.1米，进深一间7.12米，墀头下碱十五层三破中淌白做法，上身十八层三破中丝缝做法，屋面为硬山筒瓦过龙脊，五架梁前出廊，彻上露明造，大式做法，垂脊前后各有三个小兽[①]（图2-1-6）。钟鼓两楼侧立于前殿左右，面阔进深一间，面

---

① 邢军：《长峪城》，北京：中国图书出版社2015年版，第97页。

图 2-1-5 永兴寺前院西侧茶房

图 2-1-6 永兴寺前院前殿

图 2-1-7 永兴寺钟楼

图 2-1-8 永兴寺后院

阔 3.89 米，进深 4.6 米（图 2-1-7）。两楼体量相似，钟楼墙面四空，中悬铸铁大钟。

前殿两侧有披门可以进入后院（图 2-1-8），戏楼和东配殿（图 2-1-9）相对而布，后殿居中。后殿为寺庙主要建筑，面阔三间 9.94 米，进深一间 7.12 米，垂带台阶五步，檐枋有彩画，六抹菱花隔扇门窗[1]。主要建筑大式做法，覆盆式圆柱石础，硬山调大脊[2]，殿内全部漆上露明造，供奉神灵的建筑均为斜方格式棂窗。木架施彩简单，没有官式的程序的图案，采用民间的矿物颜料涂红，略施彩画（图 2-1-10）。

永兴寺后殿为娘娘庙，所供奉的是眼宫娘娘、旨宫娘娘等，前殿供奉的是十八罗汉等神龛。

---

① 晓阳：《昌平文物探寻》，北京：金城出版社 2003 版，第 191 页。

② 晓阳：《昌平文物探寻》，北京：金城出版社 2003 版，第 191 页。

图 2-1-9　永兴寺后院东配殿　　　　　图 2-1-10　永兴寺后院正殿

　　娘娘神属于中国传统农业社会神灵信仰的一种，在乡村地区广泛分布着供奉娘娘神的寺庙。"古者神人杂处，而民用惑，古圣王之制，先成民而后致力于神，敬神所以治民也"，古代社会通过民众对神的感召和敬畏维持社会秩序，使"敬神"成为国家管理的一种手段。娘娘神中既有碧霞神君、天后等被国家祭祀的官方大神，也有分布于各地乡村，由具有故事性和正面意义的人转化而成的、或是基于历史和现实结合创造出来的神。因此在乡村地区的娘娘神往往与区域的人文特征和乡土风情之间的结合更加紧密。娘娘神女性的神灵形象所具有的慈悲、仁爱对百姓具有较强的感染力，娘娘神所关系到的祈福、生育、灾害等事宜与乡村百姓生活息息相关，因此在民间广受信奉。

　　后殿供奉的十八罗汉，梵语称为阿罗汉，是佛教创立者释迦牟尼的得道弟子，南宫怀瑾先生在《法住记及所记阿罗汉考》序中写道，"经称阿罗汉，概有怖魔杀贼之内涵。所谓魔也贼也，统指身心烦恼之表相也"。相传佛陀涅槃后，让诸位罗汉永住世间、护持正法。十八罗汉原为十六罗汉，公元2世纪时师子国庆友尊者作的《法住记》对十六罗汉有详细记载，而后玄奘法师将此书译出，十六罗汉在唐代开始盛行。随文化艺术的发展，唐代贯休和尚臆绘十六罗汉的创作，被后世演变成十八罗汉的画像，后两位尊者的身份众说纷纭，但十八罗汉形象经苏东坡、赵松雪等大家之手，一直流传到了今天。

　　永兴寺山门前西侧有树径约两人合抱、树高8米的古榆树，枝干粗硕，树冠浓密，为当地少见的高大树木。壁画一直是古代寺庙的重要艺术内容，永兴寺内原有丰富的壁画，受自然和人为破坏，残留壁画较少，图像质量也比较低。民国时期为发展教育事业，在"拆了庙堂盖学校"的风潮中，大量壁画被涂石灰、抹水泥而遭到严重破坏（图2-1-11、图2-1-12）。

图2-1-11　永兴寺残留壁画　　　　　　图2-1-12　永兴寺残留壁画

以下摘录永兴寺正殿和东配殿曾用对联[①]。

正殿曾用对联："自在自观观自在，如来如见见如来"、"金炉不断千年火，玉盏常添万载灯"、"真诚清净平等正觉慈悲，看破放下自在随缘念佛"、"随缘作事道法自然，品德高尚心量放宽"。

东配殿曾用对联："灵性产生智慧，悟性增长知识"、"鼓齐鸣响彻天地，八方客即来拜佛"、"经济发展国家富，生活有余庆丰收"、"新时期万民齐奋勇，现代化百业正兴隆"。

2. 古戏楼

永兴寺后院西侧的古戏楼是北京市昌平区目前仅存的两处古戏楼之一，另一处为昌平区东部的海子村九圣庙戏楼。戏楼为祭祀建筑形式，一般位于寺庙院落之外，正对山门直面正殿，方便向神明献戏。永兴寺戏楼则位于寺庙之内，位于后院西侧代西配殿，极其罕见。戏楼为清代式建筑，坐西朝东，台基座距离地面0.65米，屋顶清灰筒

---

① 邢军：《长峪城》，北京：中国图书出版社2015年版，第99页。

瓦屋面卷棚顶，朝东的台口四立柱三开间，戏台阔宽8.3米，台口空间高2.6米，进深5米。前后台木隔墙，设有上场门和下场门，后台内挂满了各种戏装，可以扮戏更衣，南北两山墙有圆形月亮窗[①]（图2-1-13、图2-1-14）。

图2-1-13　永兴寺戏楼　　　　图2-1-14　永兴寺戏楼后场（来源：网络）

永兴寺戏楼曾用过以下对联："台上笑台下笑台上台下笑引笑，学今人学古人学今学古人学人"、"你看我非我我看我我也非我，他装谁象谁谁装谁谁就是谁"、"舞台上演出文化新奇事，歌剧纳入长峪城风情"。

3. 钟楼的铸铁大钟

永兴寺前殿东侧钟楼中悬挂大钟，铸造于明代崇祯年间，造型古朴，线条简练，制作精细。钟身垂直，钟裙外撇，呈喇叭形状。钟高1.53米，身径0.6米，重1000余斤，为铸铁大钟。蒲牢钟钮[②]，钟肩饰莲瓣一周8朵，预留孔洞。钟体上下两层铭文区，两层之间有粗弦纹一周分隔。钟裙上部铸有八卦符号，八耳波状口，每耳均有一枚撞击钟月（图2-1-15）。

[①]　梁欣立、仁震：《北京古戏楼》，北京：国家图书馆出版社，2015年。

[②]　相传为龙的九子之一，因"性好鸣"使人们将蒲牢形象铸为钟钮，薛淙《西京赋·注》曰："海中有大鱼曰鲸，海边又有兽名蒲牢，蒲牢素畏鲸，鲸鱼击蒲牢，辄大鸣。凡钟欲令声大者，故作蒲牢于上，所以撞之为鲸鱼"

铸钟铭文显示，天仙庙（位于流村镇瓦窑村北山顶）住持道士张演龄见此处缺钟，而钟、鼓、碑三者皆不可缺，张演龄开始为寺庙募钟，时值荒年生计困难，但张演龄虔诚感动众人，于是将铁钟铸成。相传钟声洪亮，可传到隔着东山的禾子涧村中。在不同时期这口钟曾发挥着不同的作用。抗日战争时期，钟声连响是警示人们躲避日寇杀戮，在和平年代，当大钟连响十几声的时候，人们从各处聚来庙中，因为寺里的戏楼就要演戏了。

图 2-1-15　永兴寺铸铁大钟

　　钟的铭文在钟身的中部，上下两层，每层分四块，上层大字楷书"天运隆昌　道日光明　法轮常转　皇图永固"，与之对应的文字如下①：

光明	法轮	常转
志心□命礼三界之上□□弥罹上极无上天中之天□即□□□□上京□□金关□□□	随方设教历□度人为皇者师者帝者圣者师暇名易号立天之地道之道人之道隐圣显凡总号千三百之宫君包万□重之梵然	三官诰□三圣人□□大极普□诰□□之命
泓玄元□□□□宝珠之中公之不□□三□化生诸天亿万□□无口数□□□□	化行今古心有道德凡五千言主握阴阳命雷霆用九五数大悲大颠大圣大慈太	鼎赙无量品之□□清虚□阴□□
度五常巍巍大范万道之□大□□□无自然至真妙道原始天尊	上老君道德天尊太上弥罹无上天妙有玄真□□□紫	赐福赦罪解厄□济存山道冠诸天恩
□上清□号灵宝□祖□化三元□□□	金关太征玉清宫无极无上圣郭落	□三界大悲大颠大圣大慈三元三品三官九府应感天尊
余□□赤书□发六百六十八□□□□□	法光明□□□天宗玄范总十六湛□	三官诰混六六天传法教□修真悟道济度□□
大而间九霄总□□□历而□□□	真常道顺莫大神道□天正□大天	普为众生消除灾障八十千化□□□□大慈大悲□□□□
□经巍乎造之□□□阳卓尔雷□之祖大悲大颠大圣大慈□宸□□宝天尊	尊立享高上□	

①　邢军：《长峪城》，北京：中国图书出版社 2015 年版，第 86~93 页。

皇 图
哉然字凫氏□□□□□于□□
洪鼎器于范□左□□典□□□□之
乐音大成之高□风□导□□动百官
小就之清处□□□□明以□披宣百年
之□创扬不类独凫氏始法□者□□世
下磨有用之器虽然器具不同物各有用
欲
用二曰非用于朱门绿□之家非用于膏
□
□室之□□用于道观寺院之内有院
□必须启用之者然以为图夫□非图

永 固
之于市亦非图之于二宝图之于红炉□
铁之山如一旦以□铁设胎成灭之间不
一难手不一□乎予尝问考工记详玩
精征□研□理大料厚薄震动之分
清浊声音□出侈弇有启以兴也厚则
石薄则播侈则□弇则罄长甬则□厚
短则声疾而短闻小长则声舒而远听尤
木尽其旨矣何也钟之□向者声声之
所出者须厚薄侈弇须也清浊声也
太厚则声石而不发太薄则声播而多
□此钟之妙大也物可同日而□哉胚胎

天 运
之秀竭水火化而化象函有之精□两仪
以成形产之弥征用之□地居阜城外万
寿寺者荷蒙
□□□□人□若□□□有功焉□得
□□

合首长峪城
天仙庙住持道士张演龄察其本宫不
可缺钟钟又不易得也乃及以抱意惓
惓持心朴朴犹以钟鼓碑三事是图演
龄高士也九岁人玄三载去师三十年来

隆 昌
□守清规定操持道戒坚心弥月历募
多年方拟殿宇神像之工将完遂
继发三事之颠于是□襢□勉日时
际奇荒米珠薪□人皆自某无暇多向
余力以进如此圣事平然竟请予
书数疏一面受
大檀主贾太监跪讽
皇经亦一面伏行轮化不匝月将见捐金
轮
栗接踵而至施铁效力盈门而来随构
□王好学以世传精艺承役斯工亦

道 日
时常临步每将凫氏之条向□讲论学
亦答应如流井并如觳如愧家风堪为凫
弟即从沙胎摹范之时预知拜后锻炼之
精无诬矣他如演龄从卤年歉岁之时
斗米两金之日不烦若摹□动善男信女
全成浩大若非顶礼虔心有感
天仙必不能满三十秋之□其纯功理致
当与斯
钟同朽□子暗之不谬散少□□是赘
崇祯十五年岁次壬午仲夏吉旦
都门三之祯汰手□题
峰山村喜信李应节梁河李文举
梁应龙任世□薛全梁应诚韩狄

下层文字如下：

震 位
黑□村善信谷可康杨进任志高
汪月谷□泰赵登张四海
信士刘德高王才林李孝林金科
赵□忠□□□□郭加保王登科
王国卿刘文功田进士周江□□□
信女□门□氏黄门□□
□
□
□
□
□
□
□

巽 位
无文字

离 位
信□文杨门李氏沈氏吴门唐氏
信女刘门□氏陕门□氏宋门刘氏
□□□氏
唐门杨氏许门张氏陈门韩氏牛门刘氏
刘门宋氏杜门李氏王门检氏范门马氏
□门宋氏王门□氏赵门魏氏□□氏
李门李氏张门□氏□门李氏
两翼营信士□□□□□
□□□□□□□□□□
□□□□□李□□□加用

坤位	乾位	坎位
天寿山工部厂掌司□内宫监太监贾养性	宗人府掌府事太傅驸马都尉万焯	昌平□□信官□派□□□□
东□侍卫锦衣卫□司□□□挹旗张志□	钦依都司□长峪城守备事指挥	李如夏孟□□王□□□□□
钦差统领昌镇□右军营游击杨□□声	同知陈维新	李应弟□夫古王□刘□李□槐
钦命兵部□□两翼营中军都司线国桢	□□锦衣卫□□旗校陈进瀚	信士□□张□
守备杨国	□□□□陈□贤	财
守备李成龙	妹□顺天□□生□□桢	钥卿
守备□臣	妹夫京卫武□□文□	承恩
守备四直	应袭道名陈□	□□城□军□标□□□官
守备□□□	妹陈□陈甲□遵化□□加	延庆卫儒学□□□□□
钦差□城□□白孔	卫都司王化民次□王治民	□□王□政杨四畏皮□
□部□山西太原府子武举苏其新	信坤□岳氏信□女张□	白羊城信士□添祥□守□蔫□□
兵部□司□安□千	新媳□氏张氏	
官□□百户董国仕		
昌镇右车营守备官□□□□杨□□		

艮位

2.1.2　关帝庙

关公作为忠义精神的品格代表广为世人敬仰，民间通过兴建关帝庙供奉关羽以表敬意。有学者踏勘了明清长城沿线的榆林镇、宣府镇、山西镇、大同镇、蓟镇五镇境内共 135 个军事聚落，结果表明绝大部分城堡中均设有关帝庙[1]，这与关羽的虎将、名将，乃至被奉为武圣的英勇战斗形象是息息相关的。城门是城堡内外联通的出入口，因此绝大部分堡门附近均设有庙宇，供奉神位，早晚叩拜，以祈求安定平稳，长峪城旧城中的关帝庙正是坐落在北城门附近的一处庙宇（图 2-1-16）。

长峪城旧城中的关帝庙始建于明代，具体年代不详。寺庙经历代重修，现在的脊檩檩枋下平有题记，西侧为"……长峪城合村重修"，东侧为"中华民国二十三（1934）年八月"的字样[2]，目前为区级文

---

① 倪晶：《明宣府镇长城军事堡寨聚落研究》，天津大学硕士学位论文，2005 年，第 10~11 页。

② 邢军：《长峪城》，北京：中国图书出版社 2015 年版，第 100~102 页。

图 2-1-16 长峪城关帝庙（修缮前）　　　图 2-1-17 长峪城村关帝庙（修缮后）

物保护单位。从长峪城旧城北门外向里望去，往南约 30 米处就能看见关帝庙。北侧是城内的分隔墙，此庙坐北朝南，面阔三间 7.57 米，进深一间 5.77 米，檐柱高 2.16 米。建筑形式为硬山筒瓦过垄脊，带排山沟滴，五架梁前出廊，后檐为"老檐出"的做法，两山墙为"池塘心"式，门窗为"一马三箭"式棂窗。此庙原有院墙和山门均无存，现已修缮（图 2-1-17）。

在《三国演义》问世前，世人早有对关羽进行神化的崇拜行为。对关羽的崇拜，肇始于隋唐，形成于宋元，鼎盛于明清[①]。宋神宗封他为"三界伏魔大帝神威远震天尊关圣帝君"，顺治皇帝又封他为"忠义神武灵祐仁勇威显护国保民精诚绥靖翊赞至德关圣大帝"，与文宣王孔子文圣对应成为武圣。到了清代，关羽的地位已高于诸葛亮，甚至高于孔子。明清时期，基本上形成了"县县有文庙，村村有武庙"的特征。

关羽是一位"全能"的神明，他既是保护神，又是财神。在各阶层和地区的崇拜及文化作品的演绎中，关羽形象凝结了中华传统文化中的忠义精神，被视为"千古忠义第一人"，成为人们祈求家国无恙的保护神。在具有军事功能的城堡中，人们战乱中的精神寄托更加强烈，关帝庙不仅凝聚了更多人们对平安的向往，将领战士也希望在

---

① 沈伯俊：《民族文化孕育的忠义英雄－论关羽形象》，《西南交通大学学报（社会科学版）》，2005 年第 4 期，第 4~9 页。

关羽的忠义精神感召和庇护下，能够无往不胜、惩恶扬善。

关羽还被视为财神爷的化身，但他的人物形象实际上与财富并无关联，商贾们出于对关羽的忠诚和信义而敬佩供奉，是企图用传统道德秩序来规范经济行为的一种强烈愿望[①]。但这层含义似乎被部分人所忽略，如今的商人们大举供奉关羽，大都求取的是聚利之事。此外关羽出生于山西，凡晋商之地都供奉有关羽，这也是关羽的财神功能被强化的原因之一。

2.1.3 菩萨庙

菩萨庙位于村南新城内，建筑年代不详，属区级文物保护单位（图 2-1-18）。此庙坐南朝北，里面供奉的是观音菩萨及两位童子。面阔三间 7.8 米，进深一间 5.42 米，檐柱高 2.3 米，建筑形式为硬山筒瓦过垄脊，五架梁前出廊，六檩彻上露明造，上身十九层均为"三破中"丝缝做法。"一马三箭"式棂窗，明间四窗四抹隔扇门，两次间有槛墙，槛墙上是窗扇，前廊两侧的廊芯墙的人物壁画仍很清晰（图 2-1-19）。院落有围墙，因年久失修残损严重，前后檐椽糟朽严重，已经失去了建筑的原有模样。2008 年曾修缮，并对院墙进行了修整（图 2-1-20）。

图 2-1-18　长峪城村菩萨庙

---

① 吕威：《近代中国民间的财神信仰》，载《中国民间文化》，1994 年，第 4 集。

图 2-1-19 菩萨庙彩画

图 2-1-20 菩萨庙院墙

2.1.4 祯王庙

祯王庙是旧城最北侧的瓮城中的一座小庙，建于 20 世纪 90 年代，据说原庙建于清初，在"文革"时期被毁后，村民合力原地重建的这座小庙。祯王庙面阔和进深均为一间，后檐墙壁上绘有祯王坐像（图 2-1-21、图 2-1-22）。关于祯王庙中的神明说法不一，有玄武大帝和崇祯皇帝两种说法。

图 2-1-21 旧城北城门及瓮城中的祯王庙

图 2-1-22 长峪城村祯王庙

玄武大帝又称真武大帝，被尊为玄天上帝。在传统民间信仰中，东、西、南、北四个方位均有神明镇守，是为青龙、白虎、朱雀、玄武四方神，玄武大帝的日干支甲寅纳音是水，水在五行之中属北方，因此玄武大帝被奉为北方之神[1]。玄武大帝是四方神中唯一被拟人化的神灵，在道教典籍

---

[1] 丁希勤:《古代徽州宗教信仰研究》，芜湖：安徽师范大学出版社 2013 年版，第 44 页。

中，对玄武大帝的形象有脚踏龟蛇、披发跣足、金甲玄衣等描述[1]，突出他镇守北方和司管水源的地位。正是因为长峪城祯王庙位于城北的瓮城之中，人们相信寺庙中供奉的是玄武大帝，寄予神明能镇守城北的愿望。

另一说法认为祯王庙供奉的是崇祯皇帝。长峪城建成于明代正德年间，至清代有上百余年，明代遗民自然有怀念旧朝的情感。而崇祯皇帝是明代中后期皇帝中最为勤勉的一位，只可惜内忧外患已经使明代朝廷风雨飘摇，即便崇祯皇帝励精图治但仍然留不住明代王朝。长峪城有一出叫《显魂》的梆子戏，反映的正是崇祯帝在位十八年的景象："第一年、第二年山西大旱，一斗米、三两银饿死黎民；第三年、第四年水淹直里，南直里、北直里寸草不收……十六年王得了太平天下，十七年李闯王又攻打北京"[2]，足以说明明代遗民对崇祯皇帝的感念，因此才有了建祯王庙以纪念崇祯皇帝的说法。

2.1.5　龙王小庙

龙潭泉水库下有一座龙王小庙，内无神像，较为简单，是干旱季节村民祈雨的场所。据村民介绍，村内原有龙王大庙，"文革"期间龙王庙被毁，"文革"结束后村民集资，在水库下重修，即今天村民口中的龙王小庙。

2.2　防御建筑

长峪城旧城始建于正德十五年（1520年），建成于正德十六年（1521年），修完城堡一座，高一丈八尺，周围三百五十四丈，城门二座，水门二空，敌台二座，角楼一座，城铺十间，边城四道，护城墩六座。现今城墙遗留情况良莠不齐，两侧东山和西山山顶上的敌台仍有遗存，旧城北城门及瓮城已经修缮，南城门仅有一处城墙豁口和一段残垣断

---

① 《三教搜神大全》卷一。
② 长峪城的祯王庙：http://blog.sina.com.cn/s/blog_1400d80cd0102w3ab.html

壁，水门均已无存（图 2-2-1）。

长峪城新城建于万历元年（1573），城墙遗留情况同样良莠不齐，东城门及瓮城已经修缮。

2.2.1 城墙

1. 长峪城旧城城墙

根据史料记载，长峪城旧城原有城墙高 5 ~ 6 米，总周长为 1100 米，围合面积约为 5.6 公顷。长峪城旧城建在两山夹峙最窄处，利用天然隘口建设军堡扼控沟谷，主要功能为军事防御。现存旧城的城墙高 3 ~ 5 米，有收分，下部宽约 5 ~ 6 米，上部宽约 4 ~ 5 米。城墙就地取材由块石砌垒，白灰勾缝，原有垛墙，现基本无存。

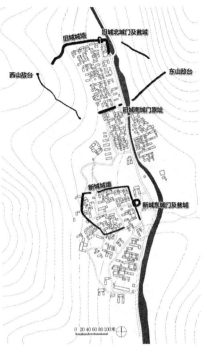

图 2-2-1 长峪城村防御建筑分布图

保存较为完整的城墙仍有马道，残损严重的城墙仅剩石砌痕迹。

长峪城旧城的城墙可分为南北两道，以南城门、北城门为中点，分别向东西两侧延伸。西侧向西山峰顶攀爬，东侧延伸横跨河道，在原水门处断开后，冲向东山峰顶。南北两道城墙在东山和西山上随山势攀高逐渐相夹，至峰顶交汇并筑立敌台，围成横跨东西两山的城堡（图 2-2-2）。北面一道城墙在西山部分保留较为完整，墙体石块垒筑，白灰勾缝，向东延伸至北城门，接北城门后城墙继续向东延伸，至河道处断开后，从沟谷底沿东山攀升，此间遇一处悬崖断开，城墙断口与天然山险咬合，继续向东山顶延伸。南面一道城墙在西山山脊上有 167 米延伸，毛石干砌，石块不整，至悬崖处下转延伸与南城门连接。山体陡峭处城墙已经不存在，仅留有痕迹。原南城门处的豁口留有一小段城墙，遇河道在原水门处断开后，向东山攀升直至敌台。东山上的南城墙在村口处就能看到，清晨微光先照射在城墙南面，与泛黄块石交相辉映，如黄龙从东山冲天拔起，颇有气势（图 2-2-3）。

图 2-2-2　旧城东山上的两道城墙

图 2-2-3　旧城城墙断面

2. 长峪城新城城墙

长峪城新城偏居在西山山坡上，与旧城的防御功能不同，主要为屯兵之用。城的平面近似方形有东西南北四道城墙，长为 136 米，宽 120～126 米，围合面积约 1.6 公顷。现存城墙最高在 3 米左右，为山石垒砌。东城墙在四道墙中保存最好，长度完整，中间设有城门和瓮城，以城门为中点分南北两段，南段能看见城墙痕迹（图 2-2-4），北段保存长度 41 米，块石垒筑。与东城墙相对的西城墙已经完全无存，遗迹难辨。南北两道城墙均仅存有部分片段，南城墙存有一段夯土墙（图 2-2-5），残长约 45 米，残宽约 2.4 米，残高约 2.8 米。

图 2-2-4　新城东城墙

图 2-2-5　新城南城墙

2.2.2 城门

长峪城旧城原有南门和北门两座城门,与城门并排设有南北两座水门,共四座城门,现水门皆已无存,南城门仅剩城墙豁口,北城门及门外瓮城经修缮后较为完整。长峪新城东部设有一座城门,在东墙的中间位置设有瓮城,瓮城向南有门。

1. 长峪城旧城北城门

北城门为北向,门外有瓮城,城门为单孔,地面道路用山石铺砌。北城门宽 19.71 米,进深 11.4 米,最高处为 5 米。外门洞宽 2.8 米,进深 3.2 米,高 3.4 米,内门洞宽 3.71 米,进深 8.2 米,无券顶。城门破损严重,券顶部分只存在外门洞上的三伏三券,其上部及内门洞的券顶全部无存[1]。2010 年经市文物部门批准,进行抢险加固工程,修补瓮城、加固券口,进行原状复原(图 2-2-6 ~ 图 2-2-9)。

2. 长峪城旧城南城门

长峪城的南城门与北城门在同时期建设,南城门现只存有一段残垣断壁(图 2-2-10)。残余城墙侧面可见剖面,墙体高 4 米,上宽 4.7 米,下宽 5.7 米,全部为块石砌筑。

图 2-2-6 旧城北城门(修缮前)

图 2-2-7 旧城北城门(修缮后)

---

① 邢军:《长峪城》,北京:中国图书出版社 2015 年版,第 71 页。

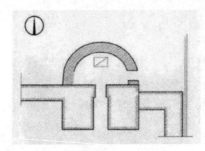

图 2-2-8　旧城北门及瓮城平面图
（来源：韩扬《城垣》）

图 2-2-9　旧城北城门瓮城

图 2-2-10　旧城南城门遗留的残垣断壁

图 2-2-11　修缮前的新城瓮城门

3. 长峪城新城东城门

长峪城新城东侧城门为单孔，门南北宽 13.52 米，东西进深 8.15，残高 6.65 米。外门洞宽 2.85 米，进深 2.68 米，高 3.13 米。内门洞宽 3.72 米，进深 5.42 米，高 4.65 米（图 2-2-11）。外门洞上用砖砌门额，砖雕额框但门额无字。门外有毛石砌筑的弧形瓮城，内宽 12.8 米，进深 10 米，墙宽 4.1 米，向南开有一门。瓮城南门内门洞宽 3.2 米，进深 2.5 米。外门洞宽 2.6 米，进深 1.6 米，高 3.1 米。2013 年经市文物部门批准，对城门和瓮城进行抢险修缮，进行修补加固和防水处理。修缮过程中在城门顶部发现五件柱础石，是城门楼的遗迹，可推测面阔三间，进深一间[1]（图 2-2-12、图 2-2-13）。

---

① 邢军：《长峪城》，北京：中国图书出版社 2015 年版，第 80 页。

图 2-2-12 修缮后的新城瓮城门

图 2-2-13 长修缮后的新城城门及瓮城

2.2.3 敌台

敌台是城墙的防御性附属构筑物，具有眺望、战斗之用，出现在战国时期或更早。明代隆庆年间谭纶和戚继光对原有敌台进行筹划改良，使敌台增加了贮藏军火、遮风避雨的功能。敌台设置应便于躲闪隐藏、易守难攻，位于视野开阔之处，因此城墙的弯曲和转折一般都收于敌台处。长峪城旧城东山和西山城墙的交接处均设有敌台，用于俯瞰城堡，眺望守卫。东山上保存一座较为完整敌台，石块垒砌，覆斗形台体。底平面近似方型，南北向长 5.7 米，东西向长 6.1 米，残高 3.6 米，每边有 0.65 米的收分（图 2-2-14）。西山山顶的敌台保存不佳，已坍塌严重（图 2-2-15）。

图 2-2-14 旧城东山敌台

图 2-2-15　旧城西山敌台

2.3　居住建筑

2.3.1　传统民居

　　长峪城村民居建筑分布在古代军堡的城墙内外，长峪城旧城内以连接南北两城门的古街巷为主轴，民居建筑规整排列两侧，前后院落相夹形成小路与古街巷连接，形成鱼骨状的道路串起各家院落。城墙外的民居以河道为轴，随沟谷走势分布，形成条带状的布局形态。民居依托山势建设，村南北建筑朝向有所差异，村北城墙外建筑坐西北朝东南，村南城墙外建筑坐东北朝西南，整体上可看作坐北朝南（图 2-3-1）。

　　古村中大部分民居依旧保留传统风貌，院落形式多为三合院，基本由正房、左右厢房组成，传统院墙使用当地石块垒砌，地面多以土地为主。传统村落民居中正房开间一般为 3 间或 5 间，均为单层，开间一般为 3.3 米，进深为 5～7 米居多。院落大都南北向布置，正房坐北朝南，一般集居住、餐厅和厨房为一体。东西厢房多被当作其他居住用房或仓储用房。一般在院落的西南角会有一间房当作卫生间。

　　单体建筑为抬梁式木架结构，由基础、房座和屋面三部分构成，青砖、红砖、土坯砌墙。门窗主要以木制门窗为主，窗棂整体风格比

图 2-3-2　长峪城村传统民居 –1

图 2-3-1　长峪城村传统风貌建筑分布图　　　图 2-3-3　长峪城村传统民居 –2

较统一，简单朴素，门多为较宽的井字格，长棱较多，有的在棱条间加人字、六字、十字花或短棱组成的杂花。屋顶采用小灰瓦，质地较轻，排水好，防水好，屋脊装饰精细（图 2-3-2、图 2-3-3）。

2.3.2　典型民居

长峪城新城内保留有一座保存完整的传统院落，建设年代为民国时期，具备传统北方民居的基本要素，是这一地区仅存的两进院落民居（图 2-3-4）。建筑坐北朝南，原为四合布局，20 世纪 80 年代南房被拆除，现为三合布局。中轴线上布有二进院大门、影壁和正房，东侧为一进院大门、畜生房、东厢房，西侧为西厢房（图 2-3-5）。从新城瓮城入东城门，径直走到上坡处，右转向北入院落之间的曲折小路，走过三个院落的距离，就能看到这座传统院落的大门。

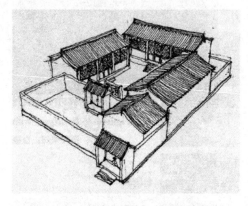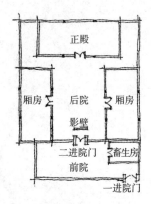

图 2-3-4　长峪城村典型民居鸟瞰图　　图 2-3-5　长峪城村典型民居平面图
（来源：戴晓晔《长峪城农民戏班的生存状态研究》）

　　大门位于院落东南角，大门面阔一间、进深一间，双扇木门。硬山式屋顶，屋面为合瓦清水脊，门内两侧绘有壁画。大门东侧连接院墙，下碱三层山石，上身挂白灰袍。过台阶进门为畜生房的山墙，畜生房面宽和进深各一间，硬山式屋顶，屋面为仰瓦扁担脊。畜生房东西朝向，门开向前院。前院为东西长、南北宽的矩形平面，为晾晒粮食和囤积柴草之用（图 2-3-6）。

　　前院居中为二进院大门，称二道门。二道门面阔一间、进深一间，双扇木门。硬山式屋顶，筒瓦清水脊。二道门左右连接院墙，连接东西厢房山墙，过二道门则进入后院（图 2-3-7）。后院有青砖一字影壁，硬山式屋顶，屋面为筒瓦清水脊。下碱为须弥座式，束腰有四副砖雕，上身为方砖心，四周作仿木边框，再上为冰盘檐。硬山式屋顶，筒瓦清水脊屋面。绕过影壁为二进院，正殿居中，东西厢房两立，均为进深一间、面阔三间。正房硬山式屋顶，仰瓦清水脊，中间双扇木门，两侧五抹隔扇窗，步步锦式窗棂。厢房硬山式屋顶，仰瓦清水脊，中间双扇木门，两侧五抹隔扇窗，门窗作法都要低于正房。

图 2-3-6　前院

图 2-3-7　后院

2.4　长城边墙

根据 2006 年文物局长城资源调查结果，流村镇长峪城村域中，留有明代砖石结构长城 2468.6 米，明代敌台 14 座、马面 1 座、烽火台 3 座。另在流村镇镇域中有明前长城遗迹，长度为 23500 米。

2.4.1　明代长城

明代长城边墙东起山海关、西至嘉峪关，在北京市怀柔区大角楼向西岔开，形成内长城和外长城两道，至山西省偏关附近的老营汇合为一线。内长城从居庸关西南向，经河北易县、涞源，阜平而进入山西的灵丘、浑源、应县、繁峙、神池而至老营。外长城即自居庸关西北经赤城、崇礼、张家口、万全、怀安而进入山西的天镇、阳高、大同，沿内蒙古、山西交界处达于偏关、河曲[①]。内长城和外长城上各有著名的三个关城，居庸关、倒马关、紫荆关合称内三关，雁门关、宁武关、偏头关合称外三关。

内长城经过居庸关地区内的部分被称为居庸关长城，除此之外无其他地方的长城有相同的名称。居庸关长城以软枣顶一带为节点，分

---

① 刘珊珊：《明长城居庸关防区军事聚落防御性研究》，天津大学博士学位论文，2011 年，第 48 页。

为北、西两路。北路从川草花顶起向西经石佛寺、青龙桥、八达岭、石峡到软枣顶,有边城 40.5 里,附墙台 14 座,空心敌台 68 座;西路从软枣顶往西,经横岭、石板冲,直至今怀来县镇边城西的挂枝庵,有边城 83 里,敌台 102 座,附墙台 12 座[①]。

昌平区仅有的一段长度为 2486.6 米的明长城即属于居庸关长城。居庸关长城在陈家堡和大盘营都出现较大的环形转折,两地之间的长城平面呈现 C 字形,反扣向北京地界。C 字形底部有两千余米长边墙位于昌平和怀来交界,即是距离长峪城村最近的明长城(图 2-4-1)。从长峪城北城门北行一公里后,绕过龙潭泉水库沿东港沟攀行,过北京与河北的界碑再西行,就能看见长城的制高点——高楼敌台。

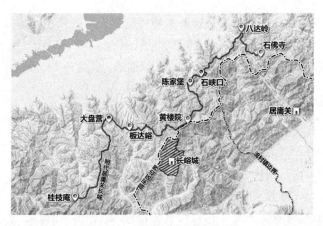

图 2-4-1　明代居庸关长城与长峪城

高楼敌台是长城的一个拐点,长城边墙从北侧和西侧与敌台连接,长城在此拐入河北境内。敌台位于昌平区最高峰,海拔 1439.3 米,敌台基座底平面长 11.97 米,宽 8.1 米,基座高 6.41 米,敌台的高度和体量均大于附近的敌台(图 2-4-2)。高楼附近有一圆形敌台,敌台平

① 刘珊珊:《明长城居庸关防区军事聚落防御性研究》,天津大学博士学位论文,2011 年,第 48 页。

面直径 13.8 米，基座高 4 米出拔檐，基座上中室变为矩形，宽 3.45 米，长 6.58 米，外圆内方，较为罕见（图 2-4-3）。

图 2-4-2 高楼敌台　　　　　　　　图 2-4-3 圆楼敌台

从高楼敌台向北望可见怀来盆地及官厅水库，防御战略地位显著，是长城的标志性构筑物，这段长城也被称为高楼长城。高楼长城为块石垒砌，防御建筑分布较密，平均每 160 米有一座山石垒砌的单体建筑。据统计，共有防御建筑 15 座，其中敌台 14 座，马面 1 座，但因南口战役曾在这一带进行炮火交锋，以及人为、自然等破坏因素，保存情况较差，已有 5 座建筑被毁（图 2-4-4、图 2-4-5）。

图 2-4-4 明长城遗迹 -1　　　　　图 2-4-5 明长城遗迹 -2

烽燧，也称为烽火台、烟墩等，是建在长城沿线及内外的微型军事堡寨，也会建在交通要隘、山河谷口、驿站沿途和各级指挥部附近的"制高点"①。军士日夜驻守烽燧，遇警时则白天燃烟、夜间举火，向守卫边墙、城堡的将士传递军情。长峪城现存三座烽火台，一座位于西山敌台的西北方向，毛石干砌，平面矩形，残损严重已经失去了台的形态；另一座位于长峪城西山城墙的西南方向，同样残损严重；第三座位于村落的对面即"六郎城"的北侧，其位置相对较高，毛石干砌，平面为矩形②。

在明长城高楼的内侧有三座更易识别的烽火台③，也用于向长峪城传递军情。两座位于明长城高楼脚下较为平缓的山坡，相距约200米，平面近似边长8米的方形，高约4米，分别向长峪城和白羊城传递军情。另一座在现在北京及河北分界碑附近，边长约8米和8.5米，高约4.3米。

2.4.2 明前长城

居庸关长城自从八达岭一带向西，途经怀来县后，拐入北京，沿昌平和怀来边界向西南延绵，至高楼敌台后再次入怀来县，因此形成西南和东北两个拐点，西南拐点即为高楼敌台所在。拐点之间即是昌平境内唯一一段明长城，也是距离长峪城最近的明长城。在东北拐点上存有一段明前长城的遗存，与明长城的走势相反，拐入北京境内（图2-4-6）。

明长城修筑部分沿用了明前长城的轨迹，从八达岭而来的明长城，在昌平境内明代长

图 2-4-6 明前长城走势图

---

① 刘珊珊：《明长城居庸关防区军事聚落防御性研究》，天津大学博士学位论文，2011年，第91页。

② 邢军：《长峪城》，北京：中国图书出版社2015年版，第81页。

③ 邢军：《长峪城》，北京：中国图书出版社2015年版，第195页。

城的东北端点处舍弃原有长城走势，选择西南走势，途经板达峪，向大营盘方向延伸，使防线向西北外扩，直抵怀来平原，因而才能看见这段明前长城。此段明前长城的建设年代在《光绪昌平州志》中有"疑为北齐所筑，雉堞甚古"的推测，有战国燕古长城、秦长城、北魏长城的说法，尚无定论。长城为南北走向，途径禾子涧村、老峪沟村、马刨泉村等，全长23.5公里。墙体完全坍塌，断面为三角形，残存石料未见黏合物，推测为山石干砌。长城沿线有6处人工开凿的台地，面积约200m^2~400m^{2}不等，用于驻军屯兵。

第3章
物盛人丰

3.1 民俗文化

长峪城村的民俗文化丰富，从春节开始一直到农历腊月二十三的小年，伴随着各种节日，村里的民俗传统活动相继开展。每年的大小节庆中，长峪城社戏都是民俗活动中的重头戏，特别是元宵节时，戏台上至少连着唱上三天的社戏。此外，农历六月六是作物开始要萌发的日子，农历九月九是丰收的喜庆日子，这两天村里都会表演社戏，农历六月六"祈丰收"，农历九月九"庆丰收"。

元宵灯会是长峪城村民俗活动的高潮，永兴寺的古戏台上锣鼓震天，村里的大小街道张灯结彩，夜里的九曲黄河灯阵照得山野通明，村民们乔装打扮组成几支表演队在村里游走，热闹非凡。

长峪城村民有着朴素的信仰，他们将龙王视为村子的保护神，每年农历二月二龙抬头这天，村民们都要到小龙王庙中祭拜龙神。农历四月十八是娘娘庙会，村民们抬着木雕娘娘架在村里的大小街道巡游，祈求福祉。农历腊月二十三是小年，要送灶王爷升天，到了大年又是阖家团聚的日子，这一年也就过去了。

3.1.1 长峪城社戏

社，即是指土地神及祭祀土地神的活动，又是一个地区单位。社戏泛指社中进行的民间曲艺活动，具有求福佑、祈丰收、逐瘟疫及人伦教化的功能，具有酬神祈福、文化娱乐或商业相关的意义。

1. 村里的"老戏" [①]

河北梆子是由山陕梆子流入河北后发展起来，并在河北、天津、北京以及山东、河南、山西部分地区流行的中国传统戏剧种，唱腔高亢激昂、慷慨悲忍、明朗刚劲，擅于演绎历史题材，极具现实色彩。长峪城社戏的常演剧目大多来自河北梆子的传统剧目，板式和唱腔也与河北梆子基本吻合，但板式相比现今的河北梆子更为简易一些，村民将当地的剧种称为"老戏"。

有学者推测，长峪城"老戏"应是在清末民初时由一位老陆师傅传入长峪城 [②]。老陆师傅绰号"陆小鬼"，是一位生旦净丑、吹拉弹唱样样精通的高人，除教授了长峪城戏班外，马刨泉戏班和横岭戏班的唱腔和剧目也是老陆师傅亲授的，因此在剧种上三地有同源之说。三地戏班现今仅有长峪城可正常演出剧目，但三地演员仍然维系着密切的关系，曾经以群体或个人插班的方式在长峪城戏班中演出。

长峪城"老戏"的传承中也曾出现过两次中断。老陆师傅传授下的第一代戏班活跃于抗日战争之前，村民左文奎是老陆师傅的第一个弟子，生活于清末民初时期。据说他有一次夏天在大栅栏的"庆乐戏院"看戏，见到演员演"冷戏"冒了汗，叫了一声倒好。戏班老板以为他故意刁难，便请他上台试演。刚起身准备亮相时，武场伴奏故意刁难，突然停住，左文奎只得把踢出去的脚停在半空，过好半天竟也纹丝不动，直至台下观众看出问题，武场只好继续演奏。夏天演"冷戏"，难度很大。但左文奎演到"冷戏"时，硬是将脸憋到煞白，且脸皮上起了一层鸡皮疙瘩，似是冻得厉害。他的高超演技不仅征服了在场观众，更是得到了戏班老板的赏识，希望他能留下，但被他婉言谢绝。

经历抗战的中断后，在新中国成立前后长峪城村重组戏班，借由马跑泉戏班骨干到长峪城村探亲的契机，挽留教戏。时逢抗战后文艺

---

① 长峪城社戏历史系整理自戴晓晔《长峪城农民戏班的生存状态研究》，部分内容结合调研访谈调整。

② 整理自戴晓晔：《长峪城农民戏班的生存状态研究》，中央音乐学院硕士学位论文，2013年，第5页。

政策对农民业余戏班的扶持，长峪城"老戏"发展至较高水平，经常接受昌平区各地的写戏（民间对于出资邀请戏班演出的说法）。"文革"时期长峪城"老戏"停演，组建"毛泽东思想宣传队"表演现代样板戏，部分"老戏"演员加入宣传队，并在样板戏中沿用了"老戏"的唱腔。

"文革"结束后的80年代初，被村里人赞誉为"秀才"的赵永山和沈长富重新组织恢复了长峪城戏班。赵永山先是挨家挨户动员村民，集钱筹措资金。虽然当时村民们的家庭条件艰难，但对老戏的恢复十分支持，每家都会出一毛、两毛，更有甚者最多出到三块。赵永山找到老戏班的"掌班"（戏班班主的旧称）罗桂斌，一同拿了布票到城里挑花色、买布匹。赵永山依照小时候看戏的模糊印象，先在硬纸板上设计出戏装、武靠、官帕、围领的样式，挂在墙上仔细端详琢磨，经常研究到深夜。基本样式敲定后，他找到村中针线活做得细致出色的妇女在人家炕上赶制戏装。张文芝说，当年他们家刚搬的新房，新置的炕席，被巧作了制衣作坊，一冬过炕席都被磨烂了。现今戏班仍保留着几件当时所做戏装。1981年农历正月，长峪城戏班在沉寂了15年之后再次恢复"老戏"演。

90年代末时原戏班的演员们外嫁或迁居别处，演出再次面临危机。1999年戏班班主孔祥林组织年轻人进行学习，才得以让长峪城"老戏"维持至今。据现任戏班班主邱震宇介绍，长峪城戏班最有名的戏曲是《辕门斩子》，讲述的是杨六郎因儿子杨宗保与穆桂英成亲，震怒之下要斩杀杨宗保，佘太君、八贤王相继劝说无果，最后穆桂英营救的故事。据村民说杨六郎杀子的地方，就在长峪城的沙子坡，杨六郎的大帐就在六郎城，具体情节如下：

宋杨延昭征剿山东穆柯寨，先被穆桂英所败，夜命儿子杨宗保，出营巡哨，为穆桂英擒逼成亲。既而杨宗保回营，杨延昭怒其临阵招亲，违犯军法，定欲处斩。焦赞、孟良苦求不下，驰报佘太君出救，杨延昭不听。适八贤王赵德芳至，又代杨宗保说情，杨延昭亦不允，甚至反颜怒争，斥赵德芳冲闹白虎法堂，即命部下，将赵德芳乘马刖去了足，以示其罪，赵德芳无知之何。正危险间，忽穆桂英至，呈献降龙木，见夫婿绑示辕门，即带怒入，硬请赦免。杨延昭始亦不允，既而畏其强，不得已乃允之。①

如今的长峪城"老戏"，仍然维持着农历正月元宵前后、农历二月二龙抬头、农历六月六晾行头、农历九月九重阳节庆丰收在村里演出的旧习俗。永兴寺后院的古戏楼是"老戏"演出的固定场所，这座戏楼同样珍贵异常，是昌平区仅有的两座古戏楼之一。后殿的高台是村民观戏和闲话家常的地方，时常能见三五成群的人们在这里聚集。

村民们提起"老戏"总是自豪的，不仅因为它的传承是几代人共同努力的凝结，更是乡愁的载体。只要永兴寺的戏台上开台唱戏，村民们都要到永兴寺里凑个热闹，那些结局欢喜团圆，舞美衣饰鲜丽的剧目最得村民们的欢心。孩子们有时会披上床单被子，模仿唱戏人的举止神态，听着寺里传来的锡鼓声咿呀学唱（图3-1-1、图3-1-2）。

图 3-1-1　长峪城村社戏演员化妆

图 3-1-2　武场伴奏演员

（来源：戴晓晔《长峪城农民戏班的生存状态研究》）

2. 正月里的大排场

长峪城村的"老戏"一年最大的排场在农历正月期间，是过年里一件人神同乐的大事。在新年伊始唱与神听，祈求戏台上下的百姓来年风调雨顺、平安喜乐。唱与人听，家家户户在戏台上下聚首，图个阖家团圆、邻里和睦的好意头。据说20世纪80年代长峪城戏班最红火的时候，"老戏"可以从农历正月初二一直唱到农历二月二龙抬头，现今一般在元宵前后，在农历正月十三开台唱戏，短则三天、五天，

---

① 中国戏剧考 http://scripts.xikao.com/play/01003006

长则连着唱上九天。

传统礼俗中为了传递对神明的敬意、讨取吉祥如意的兆头，唱戏前有一套固定的敬神的礼仪（图3-1-3）。此外，在重要的日子里唱什么戏、唱多久、怎么唱，都有很多的规矩和讲究。

农历正月十三晚上戏台上开始暖场，在长峪城社戏中被称为"哄台"。哄台戏都会选取喜庆团圆的剧目，情绪太过悲怆的、场面充满武力的，都不适合在第一天的"哄台"中演出。"哄

图3-1-3　神戏演出前的仪式
（来源：戴晓晔"长峪城农民戏班的生存状态研究"）

台"必须先唱献给神明的《神戏》，《神戏》是在酬神礼俗中极具功能性、娱乐性较少的剧目，有着固定的内容和程式，一般由戏班中较为资深的长者承担演出任务。在《神戏》的第三场中天官唱词相传有东、南、西、北四段，但传授下来的只有一段："观见东方修行门，大门敞开见阴魂.有人到此来修道，不成菩萨便成神"。长峪城戏班中的贤人通过文本创作，补全了这一缺憾：

天官见东念：观见东方修行门，大门敞开见阴魂。有人到此来修道，不成菩萨便成神。

天官见南念：眼望南山一清泉，青石板下盖个严。有人喝过此泉水，不成佛来便成仙。

天官见西念：西天路上一只鹅，口中不住念弥陀。世人皆有修行意，行深之后必成佛。

天官见北念：北山有颗菩提树，菩提树下有人修。只要修到禅心时，必有结果得成就。

农历正月十五是演员口中的"正日子"，戏前除了在永兴寺中遵循固定的敬神仪式外，还要到村里的大小庙宇中向诸神致敬，戏班班主须携主要演员亲赴关帝庙、祯王庙、菩萨庙烧纸磕头，求愿表演顺遂、全村安乐，同时邀请各路神灵至永兴寺看戏，回到永兴寺后在前殿、后殿放炮，并烧纸敬神。这一天必须唱《回龙阁》，戏班成员认为这

两个剧目既是团圆结局，又有苦尽甘来、登金殿的情节，寓意最好。

农历正月十六或农历正月十八的最后一出戏称为"封箱戏"，戏班一般把结局不那么好的，或涉及武斗场面的剧目放在最后。如《三世修》《马陵道》这类剧目涉及生死轮回，被村民们认为阴气太盛，只能在晚上演出。农历正月十三开台之后，从农历正月十四到农历正月十六或农历正月十八，必须唱足了三天或五天，不唱足了天数不能停戏，就算是遇到暴雪、严寒等极端恶劣天气，也要坚持演唱一段小戏才可杀台。

3. 六月六，晒戏装

农历六月六是戏班自己的固定节日，由于农历六月初六是在阳光日照充沛的夏季中，戏班将所有戏装、冠帽、鞋靴都摆在戏台上晒太阳（图3-1-4、图3-1-5），顺便组织人员清理永兴寺的后院，进行拔草、打扫等，晚上则安排了唱戏活动。据戏班演员介绍，选择农历六月六，是因为这一天作物开始冒出了新芽，是预示着丰收的好日子，因此在农历六月六唱戏祈福，能保佑这一年的作物获得丰收。

图3-1-4 长峪城戏班戏箱图

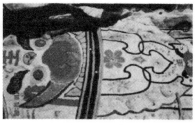

图3-1-5 长峪城社戏戏服
（来源：戴晓晔）

4. 传承

长峪城戏班演员的年龄结构老龄化现象突出，老一代演员相继退出戏班，迁居别处、照顾儿孙等家庭生活的变迁也挤压了部分演员的演出时间。村里的年轻人普遍离村进城务工，因此长峪城社戏面临着新的传承问题。戏班鼎盛的时期拥有 70 多名演员，如今戏班成员仅有 30 余人，演员则更少，面临着青黄不接的传承危机。为此，长峪城戏班将村里最年轻的一代作为传承的目标，展开多种形式力图传承这项传统活动。

一方面，社戏传承将长峪城村里的孩童作为传承的首要对象。戏班在春节期间以联欢晚会的名义召集孩童们聚集在永兴寺，将戏台作为演出场地，提供给孩童们展示才艺的机会。戏班希望通过晚会舞台表演，向年轻一代输入传统文化的重要性，并借由才艺表演引起他们对戏台的热爱。晚会以照片和故事的形式向孩子们展示过去长峪城村的各种民间习俗和传统活动，使这份念想也留在年轻一代的心中，同时希望唤起他们的爱乡情怀，更多地参与到长峪城社戏等传统活动的传承保护中。

另一方面，传承工作在长峪城村所属的流村镇中同步展开。戏班努力将长峪城的社戏推向学校，在流村中学成立山梆子戏班，由长峪城戏班亲自指导和教学。戏班的演员通过口传心授的方式将社戏传授给学校里的音乐老师，音乐老师一方面在课堂中教授给学生，另一方

图 3-1-6　昌平一中与长峪城戏班交流

面通过专业的方式谱记下剧目，作为日后传承技艺的资料。此外，戏班与昌平一中合作举办"小戏迷"京剧社走进长峪城"老社戏"的活动，让热爱戏曲的年轻人感受长峪城社戏的魅力（图 3-1-6）。

3.1.2　元宵灯会

1. 灯会活动仪式

长峪城村是昌平区留下的唯一一个举办过传统灯会的村落。元宵灯会是北京地区独特的传统文化，历史悠久，是人们祈盼幸福、盼望

丰收的重要仪式。长峪城村举办的灯会是昌平、门头沟、怀来两区一县交界处的重要活动，逛长峪城元宵灯会历来都是昌平西北部人们春节期间参加的一大盛事，每年元宵节的灯会都有十里八村的百姓来参加。据村民回忆，长峪城村的灯会从1993年开始，至2002年为避免火灾隐患而被停止，但至今仍然为大家所津津乐道。

灯会由"查街－供奉三官－转灯－唱戏"等活动组成，在农历正月十五举行，为期三天或五天，素有"十四试灯、十五转灯、十六鬼转灯，人不转灯"的讲究。元宵灯会有一个老规矩，一旦开始举办灯会，就必须连着办上三年才能停止。

"查街"是指参加灯会的男女们组成表演队伍，在村里巡游的一种祈福仪式。"查街"队伍从农历正月十三晚上开始，在张灯结彩的主要街道往返演出，即有驱除不详之意，也有求得各路神仙庇护的作用。带领表演队伍的人被称为"灯头"，随后跟着锣鼓队，然后才是各种表演队伍。这些表演队伍由村里参加灯会的男女老少组成，演出内容一般有跑竹马、划旱船、小车会、秧歌队、大肚和尚逗丽翠、杠子官等（图3-1-7、图3-1-8）。"查街"一直维持到农历正月十七的早晨结束，届时烧纸钱，放花炮。

图3-1-7 元宵灯会跑竹马传统表演
（来源：村民陈全国）

图3-1-8 元宵灯会传统表演
（来源：村民陈全国）

"查街"途中设置有"灯官"，灯会所用的开支就是由"灯官"一路磕头要来的。"灯头"领着锣鼓队和其他表演队伍从村里向灯场去的时候，"灯官"骑着木头杆子一同前行，"灯官"在路上会向村民磕头，受拜的村民要拿些钱财奉给"灯官"，村里的富裕人家更容易被"灯官"盯上，所获的钱财最终都会用于填补灯会的开销。

"转灯"是灯会的重头戏，指的是"查街"的队伍在村里巡游完毕后，进入灯阵中环绕行走的仪式。灯阵是由和人一样高的灯把组成的迷宫，村民们在星火环廊中竟夜曲折游绕，其间灯火摇曳、星星点点，如置身梦幻之境。

这场如梦如幻的灯会不只是人们同庆佳节的民间活动，灯场前供奉的神明表达着男女信众祈福的心愿，祈求获得一年四季风调雨顺、日日平安的保佑。灯会与道教的渊源颇深，灯会转灯更是具有宗教色彩的祈福仪式。灯场前"供奉三官"，分别为天官－玉皇大帝、地官－阎王爷、水官－龙王。道教崇祀天官、地官、水官三神，素有"天官赐福，地官赦罪，水官除恶"的说法，以上、中、下三元配官。农历正月十五为上元，是天官诞辰，祭祀三官神颇受世俗重视，清《府谷县志》记有"十五日上元节，天官诞辰，俗所尤重。"在上元节通常进行燃灯设祭以祈福消灾，明《道藏》中就有"庆逢吉旦，节屈上元，当三官考核之辰，乃九天赐福之会……花灯遍照于云霄，银柱交汇银汉"的请祷词。

2. 九曲黄河灯

九曲黄河灯是灯会中的一种灯阵，灯阵的布置曲折迁回，人们在灯阵中云游环绕，因此借取了黄河弯曲的形意（图3-1-9）。九曲常用来形容黄河流水蜿蜒的形态，如卢纶《边思》中的名句"黄河九曲流，缭绕古边州"，因此有九曲黄河灯的命名。关于九曲黄河灯活动的最早记载[1]，见于刘侗《帝京景物略·春场》"十一日至十六日，乡村人缚秫秸作棚，周悬杂灯，地广二亩，门径曲黠，藏三、四里，入者误不得径，即久迷不出，曰九曲黄河灯"。自明代以来，九曲黄河灯在农村地区广为流传，今天在北京、陕北地区的山村中仍然存在。

---

① 罗雄岩等：《舞蹈文化求索六十年 罗雄岩文集》，北京：中央民族大学出版社2012年版，第45页。

图 3-1-9　长峪城村九曲黄河灯灯场

　　九曲黄河灯的起源说法颇多，有学者认为灯阵是道家太极阴阳图的变形，也有说法认为是源自古代战争中迷魂阵的图形。古代战争传说中广泛存在着包含迷魂阵的情节，如赵光明三个妹妹"三霄"设迷魂阵对抗姜子牙，长峪城村灯阵的起源之说则是取自孙膑为庞涓设下的迷魂阵，元宵灯会"查街"队伍的"灯头"就曾有扮演成孙膑的旧俗。

　　战国时期孙膑和庞涓奉鬼谷先生为师，同师学艺，两人交好拜为兄弟。时值魏国重金向天下求取贤才意图封为将相，庞涓尚未学成但为求取富贵，便先行下山谋取高位。孙膑自觉学艺未精，仍然留在上山与鬼谷先生学习。庞涓被魏王封为元帅，掌兵权后助魏国吞并了周围几个小国，通过战胜齐国军队立下了威望，一时风光无限。孙膑为学勤恳、为人诚挚，鬼谷先生将密不传人的孙子兵法教授与他，才能已高于庞涓。

　　魏王听闻孙膑才华，派人请他出山，孙膑在鬼谷先生的叮嘱下，秉承鬼谷先生为国为民的师命，到魏国效力。庞涓心知孙膑所学兵法远高于他，唯恐当下的权位被孙膑夺取，便造出孙膑叛国的假象，挑唆君臣关系。最后又设计挖去孙膑的膝盖，将孙膑控制在自己手中，意图从他口中窃得鬼谷先生传授与他的所有兵法。诡计最终被识破，孙膑靠着装疯卖傻逃过庞涓的控制，最终被齐王派人所救，并在暗中帮助田忌将军。最终在齐、魏国两军交战时，孙膑布下迷魂阵，设计引庞涓入阵，困死庞涓。

　　相传孙膑给庞涓设下的"迷魂阵"就是长峪城村灯阵的原型，后人为了纪念孙膑设计了九曲黄河灯，每年元宵节时提前布置好灯阵，"查街"结束后"灯头"带领着表演队和村民们进入灯阵"转灯"祈福，长峪城村的"灯头"一般扮演成孙膑，村民陈全国老人曾经饰演这一角色。

　　关于九曲黄河灯的史料中描述了一些灯阵布置的方法，灯阵一般占地为两亩左右，在平坦的空地上按照等距离画出十九横行、十九纵列，行列直线两两相交成矩形网格，共三百六十一个点。灯阵坐北朝南，除入口正中不设灯作为灯阵出入口外，其余点上均竖起与人一般高的灯把，因此共有灯数是三百六十盏，表示一年的三百六十天，《延庆县志》就有"上元张灯三夜，或作九曲黄河灯，共灯三百六十盏"的说法，灯把之间扎秫秸横档，使灯阵形成六个葫芦形状的套环。

　　据陈全国老人介绍，灯阵分为四季平安阵、五雷阵、年轮阵和八卦阵，长峪城村设的是年轮阵。从村里存留下的灯谱和村民们的回忆，得知长峪城村的灯阵入口朝西，灯阵四周环插彩旗，入口一侧插有九面龙旗呼应中华民族的九龙之说，灯阵中间插着国旗。依照金木水火土的五行之说，在对应方位挂上相应的牌子。灯场内有六个小回旋路线，称为六个"葫芦"，每个"葫芦"代表两个月、四个节气，代表一年的十二个月、二十四节气。四个角对应四个季节，从第一圈转起为春季，第三圈为夏季，第四圈为秋季，第六圈为冬季，一年四季、十二月、二十四节气尽在其中，因此称为年轮阵（图3-1-10）。

3.1.3　龙王崇拜

　　龙是存在于中国传统文化中的神秘生物，中华民族自古就对龙有崇拜和信仰。神话人物中的龙王源起于印度，被佛教所借鉴。佛教传

图3-1-10　长峪城村九曲黄河灯阵布置图

入以前，在民间信仰中主管水系的神明是河伯。受佛教传入的影响，将龙王作为水神的信仰得到了广泛的共识，宋赵彦卫的《云麓漫钞》中写道，"古祭水神曰河伯。自释氏书入，中土有龙王之说，而河伯无闻矣"。

道教的发展过程吸取了龙王信仰，使龙王庙广布在民间有水之处。长峪城村周围的山林之中伴有清泉流溪，于是龙王在长峪城村民心中占有重要的部分，被视为当地的保护神。

1. 龙潭泉与龙王庙

长峪城村北山上有一水源，可看见水从石缝中溢出向南流淌，泉水清洌，据说有健身的功效。20世纪60年代初在泉水下游利用山口筑坝，形成小型水库，俗称龙潭泉，作为服务长峪城、黄土洼等下游村庄的生产生活用水。20世纪70年代曾进行防渗加固处理提高蓄水能力，如今从村北的抗日战争广场至龙潭泉水库砌有石阶，水库东侧环绕木栈道和观景亭，成为长峪城村旅游的重要景点。

龙潭泉常年不干涸，雨水充裕的时候沿山谷而下，形成季节性的河流。修筑水坝之前，常年的流水冲刷在山谷中形成很多的深涧和瀑布，据村里流传的传说，泉水流经的地方曾经有12个龙坑，每个坑中都卧着龙。如今在龙潭泉水库下还能找到四个龙坑，分别是黑龙坑、黄龙坑、青龙坑和白龙坑，其中的白龙是长峪城村的"主龙"，因此求雨祈福的祭祀活动除了在龙王庙举行外，一般围绕着白龙坑开展。

有水的地方就有龙王守护，龙潭泉水库下原有一座龙王大庙，供奉着一尊木质龙王，"文革"期间龙王庙被毁。"文革"结束后，村集体筹款在水库下重新修建了龙王庙，即今天村民口中的龙王小庙。

2. 拜龙王

长峪城村拜龙王的场合包括元宵灯会拜三官、戏班唱戏前祈福、夏季干旱祈雨等。

每逢元宵灯会村里就会布置九曲黄河灯阵，灯场前供奉三官祈福，表演队和村民在进入灯场转灯之前，要先磕头烧香、礼敬三官。

长峪城社戏演出之前要供奉神明，戏楼后台北墙上挂有唐明皇和老龙神两个牌位。戏曲行业也被称为"梨园行"，梨园的设立源于李隆基，因此唐明皇被曲伶人尊奉为戏祖。但戏班演员普遍对于戏祖唐明皇不甚了解，反而对老龙神相当重视，戏

图 3-1-11　长峪城村求雨仪式（来源：戴晓晔）

班中流传着这样一句话，"唱戏不拜老龙神，装神不像神"。戏班唱戏前，班主和主要演员必先在永兴寺后殿院中及后台牌位前烧纸祷告，邀请老龙神前来观戏、祈祷演出顺利。

每逢夏季少雨，天旱时节作物受到威胁时，村民就会挑选一个天气好的日子，自行组织队伍前往水库下的龙王小庙进行祈福（图 3-1-11）。村民们带上锣鼓队、头戴柳条编制的草环，到龙王庙祈求龙王眷顾，降雨润泽大地。仪式结束后村民和锣鼓队来到白龙坑，围绕白龙坑进行表演祈福，因为村民们相信主管长峪城村的龙王就住在白龙坑中。等到天降甘霖，村民们当夜必唱戏庆祝。

3. 与龙相关的遗址

水库西南方向的山坡上有一处平台，据说是现存四个龙坑的四条龙嬉闹后，用于休息并晾干身上水滴的地方，因此被称为"干龙台"。另在村南有一处山坡，山坡上有两条白色的痕迹，因形似利爪所致。相传山上原有山洞，草寇藏匿其中不时出来扰民，白龙知晓后用利爪挠山，将洞口封住为民除害，留下了这两条印记，因此被称为"白龙扒"。

3.1.4　立夏粥

中华传统节日通常伴随着相应的食物，立夏这天北京郊区各个村子里都流行喝立夏粥。熬立夏粥的风俗是从明末清初的时候开始

兴起，据说最早是海淀区的北安河、西小营村开始有的，后来逐渐传遍了北京四郊，至今已经有四百多年的历史[①]。立夏粥又叫百家粥，和其他传统节日中自家吃自家的不同，立夏粥是大家一起熬、一起吃。每逢立夏这天，村里会支起一口大锅，每家每户捧着一些粮食放到锅里，用文火慢慢熬成杂粮粥。村民们从锅中各分得一碗，以求取平安之意。据村里的老人说，立夏粥的粮食要集齐来自七个姓氏的粮食才能达到祈福的目的。过去长峪城村熬煮立夏粥的地方就在关帝庙北，临近旧城北门邱震宇家的院子外面。院子外头原有常年流水的窟窿，在外面搭上一个锅台，村里的家家户户捧来各种粮食，村民都能来喝上一碗。

3.1.5　猪蹄宴

村民们的生活习惯和礼仪习俗在长期的积淀中形成丰富的传统民俗文化，随着旅游服务业的发展，村民们通过民俗旅游产品的开发，发展出了新的民俗文化，长峪城村的猪蹄宴就是旅游产业发展过程中形成的特色民俗产品。猪蹄宴最早由村里的老岳农家院所创办，良好的发展成效使其他村民纷纷加入经营猪蹄宴的行列，如今村里的民俗旅游户都打出了猪蹄宴的招牌，已经形成长峪城村具有品牌效应的民俗文化产品。

以老岳农家院的特色猪蹄盛宴为例，猪蹄宴包括凉菜和热菜各七道，凉菜包括拌凉粉、小葱拌豆腐、蒜泥肉皮冻、五香鹌鹑蛋等，热菜除了红烧猪蹄外，还有炖柴鸡、土豆红烧肉、红烧鱼块等农家菜肴，另有拔丝排叉等甜口小食佐餐，主食提供烙糕子、小米粥等粗粮食品果腹，最后配上一壶长峪城当地采摘制成的黄芩玫瑰茶解去油腻。红烧猪蹄色泽油亮，绿色菜叶衬底，摆放在圆桌中间，十几道菜肴围绕猪蹄层层铺开，色香味俱全（图3-1-12）。猪蹄宴一般按人收费，两人即可开上一桌宴席，店家按人数斟酌菜量，但无论多少人，都能品尝到完整的猪蹄宴。

---

① 赵华川、赵成伟：《年节习俗》，北京：文化艺术出版社2015年版，第79页。

图 3-1-12　长峪城村特色猪蹄宴

3.2　故事传说

3.2.1　堪舆形胜

1. 怀抱金带

古人受天人感应等思想的影响，将城堡的选址、建设形态等营建内容，与人事进行对应，在城堡营建中讲究顺应自然。传统上被认为适宜的选址，应是"前有水、背有靠、左右山冈环抱"的格局，若是前方的水流向城呈现环抱之势，则是金带环腰的上好风水，藏风聚气的效果最好。

长峪城的山水格局较为规整，北面青龙为青灰岭，遥指昌平第一峰高楼岭，左右两侧东山和西山夹峙，是为朱雀、玄武，南有小山相望作为白虎。河流从北部山上的龙潭泉向南泄流，从长峪城西侧环抱而过，呈"背山面水，怀抱金带"的上好格局。虽然长峪城的营建初衷是为了扼控山口、抵御外敌，建城之处是两山之间最窄的地方，以军堡的易守难攻为建设标准，但在形态设计上仍然不失顺应自然山水的考量。

2. 龙凤呈祥

长峪城近处两山相峙，两侧的山是东山和西山，从高处远眺，两山呈现龙凤的形态，因此老一辈的村民们将两山称为龙山和凤山。龙山以山脊为脊梁，呈南北走势柔曲蜿蜒，如巨龙田间云游。凤山侧展左翼，当地村民称为凤凰单展翅，凤首向北迎去，与龙首交接，形成龙凤飞腾的祥瑞之兆。长峪城处在两山之间，为龙凤所包围，更是锦上添花。相传明代皇帝找寻安放陵寝的宝地，长峪城因龙山和凤山所在被视为上佳，但因交通闭塞而被放弃。后来在龙山上建了寺庙，即是今天的永兴寺。

3. 顺水行舟

长峪城所处的流村镇，乃至更大的昌平地区自古是水灾多发区，据光绪《昌平州志》记载，万历三十年（1607年）"闰六月大雨经旬，漂溺官廨民舍，决陵五空、七空桥、沙河桥"。长峪城村也长期受到自然灾害的威胁，据村民回忆，2000年的夏季暴雨连绵，雨水几乎从村东侧的河道漫出，使村民们夜不敢寐。早在隆庆三年（1569年）长峪城曾经历特大山洪，大水冲毁了旧城南北两座水门。

据村民介绍，古人建城时将城堡设计为船型，船头向南，船尾冲北。龙山和凤山构成船型城堡的左右船帮，整体形成"船山"。"船山"是长峪城的轮廓，与四周的山水格局结合，形成带有内涵的形态。在村南的山上，旧时建有凉亭和艄公石像，艄公是旧时掌舵驾船之人，与"船山"相结合是为撑船之意。借山作船，一来寓意为水患时，村民可顺水南下，免受其害，二来是潭水向南流下时，"船山"如在水上游行，预示着欣欣向荣的生活。

3.2.2 杨六郎

杨家将是北宋著名军事家族，保家卫国、战功赫赫，外敌闻风丧胆，广受民间敬仰赞誉。宋元以来，杨家将在我国的戏曲中广为流传，在传唱和演绎中形成了诸多传奇故事。

杨业是杨家将第一代将领，膝下有七子，传说中收有一位义子，共同组成"七郎八虎"。正史中记载有七子，《宋史—杨业传》中写有："业既殁，朝廷录其子供奉官，延朗为崇议副使，次子殿直延浦、延训并为供奉官，延瓖、延贵、延彬为殿直"。长子是杨延朗，为避讳而改名为杨延昭，就是在长峪城村中留有传说的杨六郎。杨业七子中属杨延昭最为著名，欧阳修在《供备库副使杨君墓志铭》中写道的，"父子皆为名将，其智勇号称无敌，至今天下之士，至于里儿野竖，皆能道之"，其中赞誉的父子就是杨业和杨延昭。

杨延昭是杨家将第二代将领，被称为杨六郎。最早称杨延昭为"杨六郎"的书籍始见于宋朝曾巩的《隆平集》。这本书中这样记载道："(杨延昭) 咸震异域，守边二十余年，虏情畏服，上呼曰：'杨六郎'"[①]。根据史料《太平预览·卷六·大象列星图》记载："南斗六星主兵机，北斗中第六星主燕地"。辽国燕云十六州就是所谓的燕地所在，为北斗第六星所主宰，因辽人畏惧杨延昭，所以将他称为"北斗六星杨延昭"简称为杨六郎[②]。后有世人误以为是为杨业第六子才被叫作杨六郎，但实际上杨延昭是杨业长子。

杨六郎正义凛然和战无不胜的形象，成为动荡时期中百姓们的精神寄托，长峪城一带在宋代、辽代、金代时期受契丹人和金人的统治，因此流传着杨六郎为民除恶的英雄故事。

1. 杨六郎与王百万

相传在北宋年间长峪城东南山上盘踞着一帮草寇，为首的山代王因富甲一方，自己又开炉铸钱，被称为王百万。王百万在山头安营扎寨，在地方称霸掠夺百姓，使民不聊生。北宋皇帝遥居汴梁但是心系北方民生，于是派重兵攻打意图将草寇拔根，但王百万在地方盘踞多年，已经颇有势力，所处的山头易守难攻。最让人闻风丧胆的是他的两件宝物，一是法力无边的扫帚，二是凶神恶煞的猎犬，都是王百万护身之宝。虽有重兵却不足以战败狡猾的王百万，于是朝廷钦点杨六郎率兵除寇。

杨六郎决定智取。在明面上，杨六郎不断与王百万亲近，在各

---

① 张晓珉：《宋朝果然很有料 第4卷》，北京：中国工人出版社2017年版，第31页。
② 张晓珉：《宋朝果然很有料 第4卷》，北京：中国工人出版社2017年版，第31页。

种酒宴之中获得了王百万的信任，结拜为兄弟。暗中，他在王百万营寨附近的山头安营扎寨，在临时的据点中不断地屯兵蓄势。直到与王百万的兵力相当的时候，杨六郎决定在酒宴中出手。王百万再次邀请杨六郎赴宴，但这次杨六郎并非只身前往，他在暗中已将兵力部署在王百万营寨的周围。

万事俱备，但王百万身上的两件法宝还得想办法除去，为此杨六郎使了两个计谋。他在宴会上趁王百万醉酒，假借欣赏之意骗取了王百万的神物扫帚。第一件宝物到手后，杨六郎暗中令待命的将士进攻，王百万闻声才知中计，十分震怒，于是将另一件护身宝物猎犬放出，追咬杨六郎。杨六郎早有防备，骑马绝尘而去，但有意让猎犬在身后追逐。到了悬崖边，杨六郎在迫近断崖的地方勒马回头，猎犬来不及反应就摔入悬崖。

杨六郎的两个计谋顺利除去王百万的护身宝物，王百万意识到情况不妙，便骑马弃营企图逃跑。杨六郎在去路早有安排，他将煤炭砌成一堵黑墙，双方在寨中交战之时就已经点燃。王百万跑路被火墙拦住去路，逃窜无路只得返回应战。王百万能称霸一方，自身的实力也是不可小觑的，加之被杨六郎的连环计谋所骗，怒火难捱，与杨六郎激烈厮杀，直至天亮。最终杨六郎不负众望，还了当地百姓一片安宁。

如今在村东南山的山坡上有一古城的遗址，仅残有部分遗存，但可以大致看出方形的轮廓，边长百米有余，掩伏在草木作物之中。当地村民将这座城称为"六郎城"，有村民将这座城作为长峪城村的起源，认为长峪城可追溯至北宋年间。但据现有的官方考证，"六郎城"遗存的年代与长峪城同期，应是长峪城的附属设施，有学者推测为演兵场和草料场①。

除了"六郎城"外，村庄周围几处地方的俗名正源自这个故事，为传说增添了不少现实色彩。拦住王百万的那道火墙所在的地方，被称为"拦马墙"；王百万的猎犬摔下的悬崖有一处黑色的狗影，村民们

---

① 邢军：《长峪城》，北京：中国图书出版社 2015 年版，第 80 页。

把那儿叫作"看狗台";两人激战到天亮的山沟,则被称为"杀亮沟",富有传说趣味。

2. 杨六郎辕门斩子

辽国萧太后南下入侵布下天门阵,为了破阵佘太君和八贤王随军驻守抵抗敌军。杨六郎派子杨宗保前往穆柯寨取降龙木破天门阵,杨宗保在穆柯寨被穆桂英所擒获,两人互相心生好感结为夫妻。杨宗保回营后,杨六郎大怒,以擅自离职、私自招亲的罪名欲斩杀杨宗保,于是命人将杨宗保押至辕门外,下令午时斩首示众。

佘太君闻讯大惊,急忙前往质问杨延昭为何斩子,被杨延昭劝退。八贤王也前来劝阻,被杨延昭以"天子犯法与庶民同罪",不斩杀杨宗保则是徇私舞弊的理由拒绝。八贤王大怒,以官衔相压要求放了杨宗保,杨延昭以交出兵权相威胁,八贤王虽怒却也不敢再干涉。此时消息已经传到了穆柯寨,穆桂英知道后携降龙木赶到军营,要求杨延昭赦杨宗保戴罪立功,以取敌军人头换杨宗保性命。杨延昭知道穆桂英骁勇,又有降龙木加持,于是允诺。杨宗保和穆桂英夫妻二人挂帅,大破天门阵,遂有穆桂英挂帅的佳话。

相传辕门斩子故事的发生,就在长峪城东的"杀子坡"上。长峪城社戏的剧目中,也仍然有《辕门斩子》这一剧目。据现任班主邱震宇介绍,《辕门斩子》是长峪城戏班最为擅长的一出戏。

3.2.3 曾经的五道庙[1]

大凡上了年纪的老人还记得,在永兴寺院外的西南山上,还有一座五道庙。"道"为道法之意,即自然规律,做人做事都有自己的道,引申就是道德品行。五道庙在民间广泛存在,在新中国成立前每个村子都有一座,是民间习俗的一个体现。庙的体量虽然多为单体建筑,体量不大。

---

[1] 邢军.编《长峪城》,北京:中国图书出版社 2015 年版,第 80 页。

3.3 民生小记

为了更真实地了解长峪城村的历史文化和民俗文化，我们拜访了一些当地村民，试图从他们的回忆中获得更多的文化资料。与群民交谈的过程中有时也聊起他们的日常生活，我们意外地收获了一些村民们的人生和家庭故事。这些故事使我们对长峪城村的认识变得生动而富有情感，我们意识到，长峪城村富有价值的并不仅仅是静止的物质遗产，更是这片土地上所承载的人间烟火，他们的故事饱含着对家乡的情感和眷恋，他们生活轨迹和思想的转变，也是长峪城村兴衰变迁的重要内容。

我们与数十位村民进行了访谈，相对长久居住在村里的二百多人而言，样本的数量并不算多，但这些村民年龄分布的跨度较大，身份背景也比较丰富。最年长的刘振铎老人亲历过抗日战争，如今已到了耄耋之年，最年轻的是生于90后的张彦超，是刚踏入社会的新人。受访的村民中还有曾经担任过村书记的老人、有现任长峪城社戏戏班班主、有一辈子埋头干农活的传统农民、也有返乡就业的青年。他们在不同年代中见证了长峪城村的兴衰，通过他们的故事我们可以一窥村民们的生活图景。

我们曾经拜访过很多的村庄，不少地方的村民总疑惑，"我们这地方有什么可看的"。但长峪城村的村民提起自己的家乡，总是会自豪的说："这小地方挺好的吧"！

3.3.1 村民刘振铎：抗日战争亲历者

刘振铎老人是我们访谈对象中最为年长的村民，如今已到了耄耋之年（图3-3-1）。老人的家住在河道西侧俗称"东窑"片区，见到老人时他正隔着河道，与对岸卖货的货郎闲聊。作为土生土长的农民，种地是老人生活里的主旋律，他在北城门外留有一块农地，在耕种的季节里保持每天劳作的习惯。老人的农地一般种植黄豆，大概每年的10月份可以收成，一年的辛苦劳作也就结束了。

图 3-3-1　村民刘振铎

　　长峪城社戏是村里老农们所津津乐道的话题，正巧刘振铎老人是戏班拉板胡的演员。老人还是少年的时候就在戏班中，一直坚持表演到双鬓泛白的年纪，直到2年前老人觉有些力不从心，才退出了戏班的表演。刘振铎老人在15岁时就热爱戏曲表演，于是主动找到村里的老师傅拜师，学习板胡演奏。回忆起板胡的学习过程，老人笑着倾诉学戏的苦楚，他说每当犯错时，老师傅的长烟袋就招呼到腿上，红肿的疼痛就让他不敢再犯错。他说，"我们小时候学什么都得挨打，没学会的时候师傅上去就两脚。不像现在的孩子们，打也不敢打，骂也不敢骂"。

　　作为戏班里的老演员，老人也忧心着社戏的传承问题。山村落后的发展情况使年轻人纷纷出走，愿意学习戏曲表演的年轻人就更少了，"这村现在没人学这个戏了，村里都是一两口的老人，青年人全到城里去了。这村在生产队的时候是六百多口人，现在只有二百多口人了"。老人有五个孩子，也都离乡在外，两个男孩都在城里打工，三个女儿都外嫁南口镇、天津市等。晚辈们一般都是周末回来探望，带上老人的重孙子，每周末都能享受到四世同堂的天伦之乐。

　　南口战役曾在长峪城村开展敌我对抗，刘振铎老人则亲历过这场战役。据老人回忆，南口战役从山底下一直打到了山上，日本军队在长峪城村隔山东侧的禾子涧村中驻兵，不时地入侵长峪城村。日军在长峪城村中烧房打人，村里的好房子都在那时候被日军烧毁了。战争期间村里人心惶惶，甚至睡觉时都不敢脱衣服，以防日军在夜晚突然入侵时能及时逃跑。村北的山林是村民的避难处，每当受到突袭时，村民就要一路向北逃难，在山中暂时躲避。

3.3.2 村民陈全国：传统民俗活动组织者

陈全国老人是对长峪城村文化最为熟知的村民之一，每当我们向其他村民询问长峪城村的历史和民俗资料时，他们向我们简单描述后，总要让我们再去问问陈全国老人，说他对村子里的文化知道得最为细致。一是因为他较为年长，成长中经历过长峪城村的兴衰变迁。二是老人平时有读书、写字的习惯，曾将长峪城村的文化整理成文字材料，对村里民俗文化的来龙去脉有清楚的认识。长峪城村的元宵灯会和现存庙宇的一些故事和资料，便是从陈全国老人那得知的（图3-3-2）。

陈全国老人的院子紧挨着旧城的南侧，我们在院子的北屋与老人开展访谈。一进老人的家里，与大门正对着的是一张靠着北墙的矮柜，柜子上左右各摆着一束被玻璃盒子罩着的干花，右侧的花上有观世音菩萨的画像。矮柜的右侧是一张长书桌，贴着墙壁的是书桌和架子，架子中间被竖着的木板分割成左右两部分，左边摆着日常生活用品，右侧则整整齐齐摆满了书，有一些关于昌平的统计资料和历史文化材料。老人虽然很少走出村子，但对自己家乡的发展仍然关注。

陈全国老人很健谈，得知我

图3-3-2 村民陈全国

们想了解村里的民俗文化，他翻出了旧照片和资料给我们参考。元宵灯会的细节我们大部分是从陈全国老人那里获知的，老人的家中还留着村里九曲黄河灯的灯谱。老人还向我们展示了社戏演出、元宵灯会的老照片，灯会表演队伍打头的"孙膑"就是由陈全国老人所扮演（图3-3-3）。

图3-3-3　村民陈全国老人在元宵灯会扮演孙膑

老人平日里喜好读书，从书柜上成堆的书籍可见一斑。炕头上还放着几摞书和一本别着钢笔的笔记本，那些是老人最近阅读的书目。陈全国老人不仅爱看书，自己也常常写作。他说自己已经写了三十多本小书，既有个人自传，也有学佛感悟，还有时政评论，内容十分丰富。每当聊到兴起的时候，老人就从炕尾下来，从他炕头的包中掏出一本相关的书递给我们，偶尔亲自给我们念上一段，遇到难懂的部分就多解释几句，颇有趣味。

读书写字的爱好是陈全国老人在当门卫的时候养成的，工作时有大把的闲余时间可以让他阅读写作，文字逐渐的积少成多，他就整理打印成册，有些还放在博客上供大家阅读。写作在老人的生活中占据了大部分时间，他一般八点前就睡下，夜间醒后开始写作和念经，形成长期的生活习惯。临别时老人赠予我们一本他的自传，里面比较详细地描绘了自己的童年，加上我们通过访谈所了解到的，概括了一些重要且有意思的内容：

陈全国老人出生于1944年，年幼时他的父亲当兵离开家乡，母亲一人操持内外忙碌不暇，便将年幼的陈全国留在姥姥家抚养，直到8岁的时候他才回到长峪城村上学。陈全国小学一二年级是在"大庙"

里进行的，也就是今天的永兴寺，到了三四年级转移到旧城里的"老爷庙"上学，即今天的关帝庙。到了五年级，陈全国在老峪沟村上学，期间经历了国家困难的时期，但最终顺利完成了初中学业。他的自传里写道"虽然生活很苦，老百姓却很知足，最起码不战乱，不跑兵，不担惊，不害怕，能过上平安的日子"。

陈全国老人的童年充满了幸福和童趣，他的自传中描写了许多孩童取乐的游戏："最开始是挖土窑、骑马车、藏蒙歌。年岁再大一点就打瓦、打彩、甩羊尾子，女孩子有抓手、罢家。再大一点有蹄圈、说笑话、打谜语。冬天滑冰、打出溜、滚雪球、堆雪人"。村里的孩子们再年长一些，就要开始为家里干点零活，但在他们心里，农活也是充满趣味的。

过去长峪城村里没有供销社和小卖部，偶尔会有货郎将货物送到村里贩售。逢年过节需要置办年货的时候，村民们就要到阳坊镇去赶集，拿上山货到城里换些春节需要的物品回来。长峪城村到阳坊镇的路途遥远，一般晚上的一两点钟就要出发，到第二天晚上的九十点钟才能回来。陈全国老人的自传里写道，"记忆中，能吃上油饼、烧饼就心满意足了"。

1964年陈全国初中毕业，在当时属于较高的学历，因此陈全国老人曾先后在村里担任过团支部书记、民兵指导员、党支部宣传委员、组织委员、村长、村副书记等工作。期间也离乡在外做过木工、油漆工等依靠手艺的工作。陈全国老人家里的相册中有很多手工作品的旧照片，老人一边翻看一边讲述这些物件的工艺，如数家珍。

陈全国老人的人生历程同长峪城的兴衰变迁一样丰厚而坚实，正如老人给自传写的结束语那样："梅花香自苦寒来"。

3.3.3　村民邱震宇：现任长峪城戏班班主

邱震宇出生于1979年，是现任长峪城戏班的班主（图3-3-4）。邱震宇的爷爷和父亲都曾经是戏班的演员，但起初他对社戏并不感兴趣。每当秋收时家里的成年人忙着收成，邱震宇就要自己上山放牛。戏团里头吹唢呐的老先生看到了放牛的邱震宇，就劝说他学习吹唢呐，邱震宇就答应了。用了两三年时间邱震宇基本学会了唢呐，老先生又提出让邱震宇学习板胡的想法："唢呐学会了，你把板胡也学了吧，我不在了你也好接这个班"。有了乐器学习的音乐基础，邱震宇开始对戏曲产生了兴趣。板胡学成之后，戏班就安排他开始参加村里的戏曲演出，一直到现在（图3-3-5、图3-3-6）。

图3-3-4 村民邱震宇

图3-3-5 村民邱震宇的舞台形象1

图3-3-6 村民邱震宇的舞台形象2

邱震宇自幼在村里长大，村里大大小小的民俗活动他都亲身参与过。每年最热闹的元宵灯会里，表演队中的各种项目他都参与过，"第一年跑竹马，第二年划旱船，第三年打鼓，反正这里面的东西我都干过"。在村里念到小学五年级，他就转学到流村镇继续念六年级，后来在南口镇完成初中学业，现在家也在南口镇。毕业以后他当过公交车司机，从2011年开始在水务局工作，期间长峪城村的民俗旅游开始发展，于是邱震宇也把自家的老宅子改造为农家乐，并在2015年正式对外营业。2016年邱震宇被选上了长峪城戏班的班主，于是辞去工作回到村里长住，希望能兼顾戏班发展和农家乐经营。现在他的孩子在南口上学，妻子则在两地比较频繁的通勤。

接手长峪城戏班，邱震宇深感责任重大，他说："这帮老年人，最少五六十岁，最高的都八十多岁了。他们的眼神里充满了对戏曲的渴望，每次想到他们坚持演出的精神，就觉得一定要把戏班给做好"。戏班的演员大部分是村里的老农民，春秋季节都要劳作耕种，少有时间排练。到了冬天农闲时正是排戏的好时候，邱震宇的经营农家乐就暂时停止营业，他将自家的院子布置成排练场地，召集演员们一起在院子里排练，保持戏班演出的质量和活跃性。他说，"我这到冬天就不营业了，一不营业我就弄戏团排戏。现在这个季节排戏不现实，白天老人种地也挺累的，冬天不种地正好也没事干，可以弄这个戏"。

尽管如此，长峪城社戏的传承很让邱震宇感到忧心。戏班演员的老龄化现象比较突出，老一辈的演员相继离世，家庭生活也逐渐占据演员的排练时间，戏班开始面临新的传承问题。每逢有游客点戏时，戏班演员未必都在村里，这时候就需要一些全能的演员随时填补空缺。邱震宇算是比较全能的演员之一，伴奏缺人了他就上武场，演员缺人了他就补上舞台。过去戏班在鼎盛时期有70多名演员，现在戏班成员才仅有30余人，演员则更是少了。用邱震宇的话说，戏班到了要紧时候，开始有青黄不接的迹象了。

在戏曲传承方面邱震宇做了两手准备，一方面把长峪城村里的孩子们作为戏曲传承的主要对象，另一方面把目光投向了昌平区的中小学校。戏班努力将长峪城社戏向学校推广，流村中学成立山梆子戏班，由长峪城戏班进行亲自指导。戏班的演员以口传心授的方式将社戏传授给学校里的音乐老师，音乐老师一方面在课堂中教授给学生，另一方面通过专业的方式谱记剧目，逐渐完善长峪城社戏的传承资料。"流村中学里也有不少长峪城村的孩子，不停地把戏往他们耳朵里灌，希望他们多少能记住点"，说完这话邱震宇无奈地笑了笑。

戏曲的教学过程十分严格，村里的家长们都舍不得自己的孩子受到训斥，但邱震宇作为戏班班主，自家的孩子就不得不学。"戏曲一定要传承下去，只能拿自己的孩子下手，别人不学他必须学"。向孩子教授戏曲的过程，使邱震宇想起了童年的学习经历，一旦表演出错，老师傅的烟杆子就招呼到了身上。现如今他教授自己的孩子，开始理解了老先生的求好心切，"那种心情我现在才理解，恨不得孩子们一学就会"。

为了增加戏班演员们的自信，班主带领演员们登上了小汤山嘉年华的舞台，几万人看戏的场面振奋了演员们的信心，长峪城村民们就更加自豪了。未来邱震宇会在村里举办晚会，他打算邀请乡里、甚至市里有名的演员参与戏班的演出，一方面提高演出的水平扩大影响力，另一方面也让戏班的演员们向大师们学习，"老人也得学习，把社戏的技艺变得更精湛一些，才有传承的意义"。

现在长峪城村一场戏的酬金约为 1000 块钱，演出时间长达两个小时，平摊到每个演员身上远低于他们平时工作所得。表演的收入一般用于购买演出服装、头饰等"行头"，演员们几乎不拿酬劳，他们坚持表演是发自内心的热爱这项活动。元宵节的时候戏班还会给演员们发点元宵作为福利，希望能吸引更多的村民加入戏班演出，就像邱震宇所说的，"哪怕是在舞台上当个小兵，也希望大家能为戏曲的传承多出点力"。

3.3.4 村民李素琴：外嫁至本村的儿媳

李素琴的家就在邱震宇家的对门，我们向邱震宇了解戏班的情况后，打算了解村民们的日常生活状态，就正好遇到了正在家门口的李素云，邱震宇帮忙介绍了我们的来意，李素云就和我们聊了一会（图 3-3-7）。李素琴出生于 1954 年，爷爷和父亲原是门头沟人，

逃荒时期转移到长峪城一带。后来父辈们
回到了故乡，她就扎根在这一带生活。李
素云原是五里松人，五年级后就不再上学，
后来在村里当赤脚医生，20岁嫁到长峪城
村后主要从事农活。

李素云家的院子在街道的一侧突出，
因此向南开的院门直接面朝整条巷道。李
素云的院子门口多了一道简单的砖砌影壁，
影壁对着门的一面上竖贴着一道字幅，上
面书写着"开门见喜"。屋子的东侧临终街
道的山墙上也贴着这样的吉祥话，可见这
是一个即有讲究，又对生活报以美好期望
的家庭。

图 3-3-7 村民李素琴

李素云家的院门外放着一张长木凳，
早晨的太阳正好照到座椅上，坐在木凳上尽收街景，是个和邻里闲话
家常的好聚处。但李素琴说这样闲话家常的时间并不多，有农活的都
得上山干活，没有农活的儿媳们在家伺候公婆或者儿孙，都有各自需
要忙碌的事务。平时村里的村民并不多，但是到了周末就热闹起来了，
因为老人们的子女都回来了。

这样的家庭在长峪城村里很普遍，老人一般都留在村里照顾孙儿
孙女们，子女们离乡在外务工，周末回家探望父母。我们到访的这天，
李素琴的孙子就在屋子里，孩子的姑姑正在照看。孩子是李素云儿子
生的二胎，她还有另一个女儿，分别住在南口镇和小汤山镇。我们和
李素云聊天的时候，另一位年纪相仿的大娘也抱着一个孩子加入了我
们，她的家庭经营方式也基本相同。

虽然很少到城里去，但这两年长峪城村旅游产业得到发展，游客
渐渐多起来了，她们在村里也感受到了热闹的气氛。从四月初起游客
就开始多起来了，直到十月份天气转寒，村子又稍显寂静。提起村里
旅游业的发展，李素云和大娘不停地说着这个村子的好处，"空气好、
山上有长城，北边的水库更是得去看看的"。

3.3.5 村民宋大娘:土生土长的传统农民

与李素琴不同,宋大娘是自小就在村子里长大的,这是她的老家。宋大娘的家就在长峪城新城南城墙往西的那条路上,我们去往瓮城的时候,看见大娘正蹲在家门口剥核桃,就和她攀谈起来。九月左右正是打核桃的季节,打下的核桃带着青皮,翠绿翠绿的。去了青皮后,还留着些残余的果皮,要泡在水中,用小刀和勺子一点点地扣去。宋大娘和我们说话的同时,边仔细地剥着核桃,一手拿着核桃半浸在水中,另一手把着工具在核桃壳上不断挑动。

宋大娘是个比较寡言的人,我们向她打听在村里的日常生活,她直说自己是个传统的老农民,一辈子都在村里头,一年到头也不进城一次,经历很是简单。宋大娘小时候上学到四年级,因为不识字平时书报看得也少,电视大概是平日里唯一的消遣。元宵灯会这些村里比较热闹的活动宋大娘参与的并不多,平时农活占据了大部分的时间,很少有闲暇时间用来休闲。

即便是这样,宋大娘还是主动提起了长峪城社戏。她怀念儿时戏台上的那些老演员们,因为他们的戏唱得很正宗,过年过节只要有戏曲表演,她都会到永兴寺去听一听。连宋大娘这样沉稳的人谈起社戏都忍不住多说了几句,可见这个民俗在长峪城村的村民心中烙下了很深刻的印记。

宋大娘这样埋头在生活里的人,对村里的日常了如指掌,她告诉我们,村里除了超市以外,会有货郎把外面的货品带进村里,极大地丰富了村民能买到的商品种类。村里的商店在一条小巷的民宅中,商店里的商品种类是极少,货柜上基本是日常必需品,零食等年轻人消费较多的商品,只是三三两两的放在侧边。

图 3-3-8　长峪城村的货郎与村民

和宋大娘聊完后我们往旧城走的时候，正巧就遇到了拉货进村的货郎。小货车从村南开进村子，停在旧城的古巷道中间。村民闻声纷纷从小胡同中钻了出来，河道西侧东窑的村民也跨河过来，围聚在货郎边上（图3-3-8）。货郎一下车就从车后掏出了一条烟递给一位大娘，大娘也点了几张钱递到货郎手中，大概是几天前就向货郎交代好的货品。在长峪城村的这几天都能见到这样的场景，应是每天都会有这样的提前嘱托。

货郎对市面上常见的货品价格了然于心，还懂些电器维修的常识。有位大爷拿着个管状的器件，跟货郎描述物件损坏的迹象。货郎仔细查看后，简单询问了几句，就娴熟地告诉他损坏的原因和维修需要支付的价格。车里也备着一些时令性的商品，我们在村里的那几天正好临近中秋，车上特别贴出"卖月饼"的简易广告。

3.3.6　村民陈青春：返乡就业青年

陈青春出生于1984年，从小在长峪城村里长大，离乡工作五六年后又回到长峪城村，是返乡就业的青年人（图3-3-9）。毕业后陈青春做过服务员、保安等工作，后来转入销售行业，卖过保险、太阳能电子板、汽车组件等产品，因城市生活的成本较高，能攒下的积蓄有限，所以陈青春在三年前选择返回家乡，现在他在一家农家乐里承担经理的工作。我们找到陈青春的时候，他正忙着操持店里的事务。

这家农家乐就在长峪城旧城的南边，紧挨着旧城古巷道，是过去南城门所在的地方。餐厅和客房分散在几个院子里，跨着城墙的南北两侧分布。院子的边上有一段老城墙遗迹，墙下立着长峪城文物保护单位的石碑。长峪城村的猪蹄宴是民俗旅游发展以来的一张招牌，最早就是这家农家院开始有的，如今村里的旅游民俗户都打着

图3-3-9　村民陈青春

猪蹄宴的广告，成了游客到访长峪城都要尝一尝的美食。

陈青春在从事旅游服务业的过程中接待了不少的游客，对长峪城村的发展有些自己的想法和期待。他认为村里需要多一些的年轻人来增添活力，并创造新鲜的事物，正如他说的，"我们这一代人主要是勤奋，虽然没有多么高的学历，但是都在踏踏实实地做事"。尽管农家乐的设施和卫生条件都在不断的提高，但他意识到游客更期望的是一个整体条件的提升，他希望村民和游客都能更加的爱护村里的环境，通过共同的努力实现长峪城村的发展。

村里与他一般大的同龄人大部分都在外工作，但他觉得还是家乡更好，他说，"外面买再高的楼房也没有家乡好，因为对自己的家乡充满了感情，走到哪儿都熟悉，住的也舒服"。餐饮服务行业非常繁忙，尤其是这两年旅游服务业发展迅速，游客更是络绎不绝。长峪城的空气温润，到了冬季就相当寒冷了，但即便在淡季中，他所在的农家乐工作日期间每天约有 30～50 个游客，周六日的日均客量更是高达 200 人。一般到农家乐中品尝猪蹄宴的游客更多些，住宿的人相对比较少。

陈青春早上七点上班，晚上下班没有固定的时间，"客人晚上什么时候回来吃饭都没有定点，我们服务完最晚回来的那批客人才可以下班"。所幸员工们都住村里，即便不是当地人，农家乐也给他们提供了住宿的地方。陈青春待人十分热情，服务游客无微不至且恰到好处，客人们都喜欢跟他聊上几句。他向游客不断表达着对家乡的热爱，把村里拍照的好地方或是有历史的老古庙耐心地介绍给客人们。

农家乐的服务工作非常繁忙，年轻人们进城的次数并不多，陈青春说他一年最多进城五次。相比城市中丰富多彩的娱乐生活，乡村可供消遣的去处就比较少，但年轻人总是能创造出乐趣。陈青春喜欢重金属风格的音乐，无论多晚下班都坚持在家练上两个小时的吉他。他和村里的几个年轻人还组了一个乐队，闲暇时常常聚到一起进行演奏。他回忆说，小时候经济条件不好，但是又喜欢，就买了一把吉他，四五人围着一起学，这个兴趣一直延续到了现在。

提起村里的社戏，陈青春笑着说要对着词看才能听得懂戏曲表演。他怀念起自己童年听过的老戏，说过去在永兴寺里唱戏，村里街道上走路的人都能听见唱戏的声音。现在社戏的传承确实没那么顺利，一方面是年轻的演员为生计奔劳，少有时间投入在排练上，另一方面也是老一辈的演员精力少，很难把一身的功夫彻底地传承给新的年轻人。陈青春的手机中还留有一段十五年前社戏的录音，今天的社戏与之相比，其中的韵味已经有所不同。

3.3.7 村民张彦超：离乡就业青年

张彦超出生于1996年，是我们访谈对象中年纪最小的一位。他和陈青春在同一家农家乐中工作，穿着统一的红色制服，但掩不住他脸上的稚气（图3-3-10）。张彦超也是土生土长的长峪城村人，就住在邱震宇家的附近，我们和前面几位长辈访谈时都曾遇见。他完成学业后就进城务工，最开始在物业公司工作，20岁的时候入伍当兵，22岁从事电话销售的工作。后来产品销量下降，加之天气炎热的缘故，张彦超回到了村里避暑，但他并不打算长久的在村里工作。

有短暂返乡的机会还是得益于长峪城村民俗旅游的发展，六七月盛夏正是炎热的时候，长峪城村凉爽的气候吸引了大量游客来访。农家乐的客需给服务带来很大的压力，店里人手紧缺，才有了这些年轻人返乡就业的机会。村里的客流是季节性的，所以他们短暂的返乡为缓解客流压力带来了很大的帮助。但这份工作并不是张彦超长期的选择，他仍然希望能在城里谋求一份有升职空间、并且稳定的工作，在这次客流高峰之后他将进城寻一份新的工作。

村里与他同龄的孩子们并不多，

图3-3-10 村民张彦超

普遍都在进行初高中的学业，他们基本随父母离乡定居在城市中，因此张彦超在村里的同龄玩伴并不多。过去大家庭的模式在城乡二元差距逐渐扩大的发展进程中逐渐瓦解，年迈的老两口居住在村里，年轻的一代家庭大多脱离故土在城里谋求生计。乡村稳定的社会结构只在老一代人之间维系着，随着代际的更迭，新的年轻人更像是参与者的身份，他们并不置身其中。

这一代的年轻人对村里的民俗文化就更疏远了些。张彦超说，小时候觉得村里的社戏挺有意思的，热热闹闹的算是个娱乐项目。成年以后这些传统活动对他们来说不再具有吸引力，只有连接着大千世界的电子产品才能让他们沉浸其中。同样，永兴寺在年轻人的心中并非强烈的文化印记，更多的是承载童年回忆的活动场地，那是他们打发时间、嬉戏打闹的好去处。

闭塞的地理条件使对外交通成为村民们首要关注的事情，作为向往外面世界的年轻人，张彦超更加关注从村里进城的交通在未来是否会更加便利。山水环抱的格局虽然造成地理阻隔，但同时给村落带来了良好的自然生态环境，张彦超认为村里的气候条件是宜居的，"夏天基本不用开空调就能过去，除了冬天冷点外，但完全不会有雾霾，比在城里的环境好多了"。

2008 年社会主义新农村建设时期，为改变长峪城村落后的设施情况，提高农民生活水平，昌平区流村镇人民政府组织编制了《昌平区流村镇长峪城村村庄规划》，规划将村庄基础设施完善作为重点内容，通过指导建设实施，长峪城村基本人居环境得到保障。期间，长峪城村西山长期受降水冲刷影响，山体不再牢固产生落石，为保障农户的人身安全，昌平区流村镇人民政府组织编制了《昌平区流村镇长峪城泥石流搬迁规划》，通过用地调整指导部分农户进行搬迁。

2013 年长峪城村入选第二批中国传统村落名单，北京市昌平区流村镇积极落实国家政策，开展《昌平区流村镇长峪城村保护发展规划》编制工作。本次规划兼顾长峪城村文化遗产的有效保护与可持续利用，维护和延续传统村落整体风貌特色，改善和提升村落人居环境，完善和健全长峪城村的展示利用体系，致力于实现历史文化环境保护与现代化发展的有机结合。

本次规划以长峪城村行政村域为范围，总面积为 1358.73 公顷（图 4-0-1）。

4.1　长峪城村保护规划

4.1.1　保护资源现状

长峪城村属于深山型村庄，山体、植被资源丰富，生态环境良好。村庄坐落于群山之中，两山夹峙形成的山水格局构成了长峪城村的重要生态和景观资源。村域内现存资源主要有山体、水库、古城堡、农

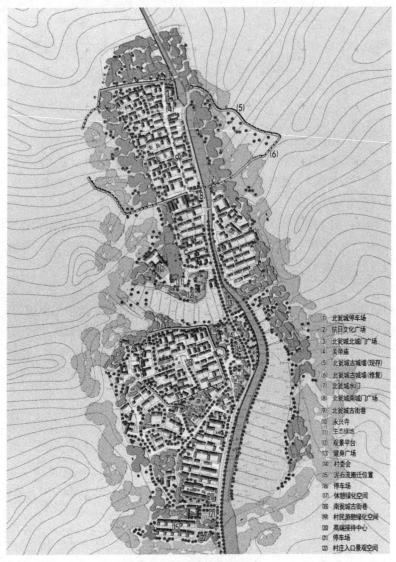

图 4-0-1　长峪城村规划平面图

(1) 北瓮城停车场
(2) 抗日文化广场
(3) 北瓮城北城门广场
(4) 关帝庙
(5) 北瓮城古城墙（现存）
(6) 北瓮城古城墙（修复）
(7) 北瓮城水门
(8) 北瓮城南城门广场
(9) 北瓮城古街巷
(10) 永兴寺
(11) 生态绿地
(12) 观景平台
(13) 健身广场
(14) 村委会
(15) 泥石流搬迁位置
(16) 停车场
(17) 休憩绿化空间
(18) 南瓮城古街巷
(19) 村民游憩绿化空间
(20) 高端接待中心
(21) 停车场
(22) 村庄入口景观空间

田，村庄内有古巷道、传统院落和建筑等体现历史文化特征的物质载体，在保护规划中应尊重历史，科学保护（图4-1-1、图4-1-2）。

图4-1-1 长峪城旧城复原图

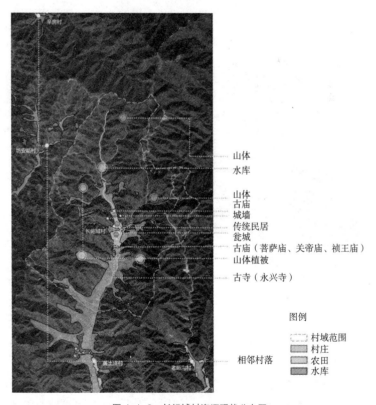

山体
水库

山体
古庙
城墙
传统民居
瓮城
古庙（菩萨庙、关帝庙、祯王庙）
山体植被

古寺（永兴寺）

图例
村域范围
村庄
农田
水库

相邻村落

图4-1-2 长峪城村资源现状分布图

119

1. 村庄格局

长峪城村的格局可概括为"一水、两环、三城、三穿、多田"的结构。"一水"为村北处龙潭泉水库，地势北高南低，顺流而下形成季节性河道。"两环"是指村庄被山体和古城墙所环绕，长峪城村东面、北面、西面三面环山形成一环，长峪城村的老古城被古城墙遗址所环绕形成二环。分筑南北的长峪城旧城、长峪城新城被古城墙遗迹所环绕，是"三城"中的两城，随着村庄建设发展，民居蔓延至古城墙外，与长峪城新旧两城合称为"三城"，整体随山势形成条状平面形态。村域被进京道路、泄洪通道、泄洪渠所穿越，称为"三穿"，四周尤其是南边有大片农田，称为"多田"（图 4-1-3）。

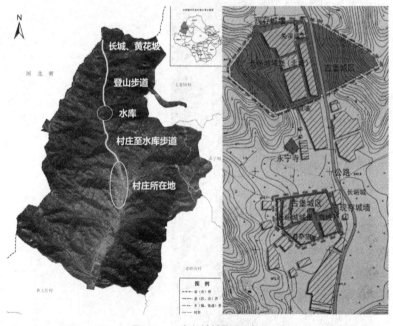

图 4-1-3　长峪城村平面示意

村庄现状从北向南由窄变宽再变窄成梭形，嵌入山脉之中，与周围山体轮廓自然融合，交错有序。长峪城旧城的传统建筑较为整齐有

序,沿着鱼骨状的形态与主街连接形成
道路结构,村庄西南部的建筑稍显零散。
永兴寺、村委会、关帝庙及街巷交叉处
等形成多处公共空间,以永兴寺为中心
形成的公共空间主要用于唱社戏,以原
乡政府为中心形成的公共空间主要用于
公共活动,以街巷交叉处形成公共空间
主要用于生产生活。

2. 街道

(1) 街道分类

长峪城村中的主要对外交通为黄
长路 (J02),南北贯穿长峪城村域,连
接长峪城新城和长峪城旧城,是长峪
城村街道结构中的主干。村庄中自北
向南有三条传统街巷与交通主干黄长
路连接,分别是旧城古巷道 (J01)、永
兴寺街道 (J02) 和新城古巷道 (J03),
传统街巷基本保留原有的形态,两旁

图 4-1-4 长峪城村街道编号图

建筑也多是风貌较好的传统建筑 (图 4-1-4)。旧城古巷道位于村庄
北部长峪城旧城内,长度约为 240 米,与祯王庙、关帝庙两处公共
空间连接。永兴寺街道位于长峪城旧城和新城之间,长度约为 967 米,
除了通往永兴寺外,与长峪城村原小学学址相连。新城古巷道位于
长峪城新城内,长度约为 180 米。

传统街巷 (旧城古巷道、新城古巷道)。旧城古巷道、新城古巷
道两侧的传统建筑保护较好,风貌与当地统一,街道铺地采用石板,
与传统铺砌方式相同,划分为传统街巷,在规划中作为建议历史街
巷。旧城古巷道位于长峪城旧城,坐落于村北,为历史街巷 (北部)
(图 4-1-5)。新城古巷道位于长峪城新城,坐落于村南,为历史街
巷 (南部) (图 4-1-6)。

一般街巷（黄长路、永兴寺）。黄长路、永兴寺街道道路两侧许多传统院落被拆除重建，部分风貌不统一，道路被拓宽，重新进行了铺砌，划分为一般街巷。河道紧挨黄长路东侧，目前修建了河道两岸石栏和桥，缺乏河道亲水空间和景观（图4-1-7、图4-1-8）。

图4-1-5　旧城古巷道

图4-1-6　新城古巷道

图4-1-7　黄长路

图4-1-8　永兴寺街道

（2）旧城古巷道－建议历史街巷（北部）

长峪城村旧城古巷道全长约240米，路面平均宽度4.5米，在规划中作为建议历史街巷（北部），并要求全部保留。地面铺设材料以砖石为主，道路一侧有行道树，东侧为季节性河道。街道两民居整齐排列，基本保留原有的历史风貌，沿途有关帝庙等富有历史文化价值的传统建筑，道路的两端为旧城城门遗迹（图4-1-9）。

（3）新城古巷道－建议历史街巷（南部）

新城古巷道全长约180米，路面平均宽度7米，规划作为建议历

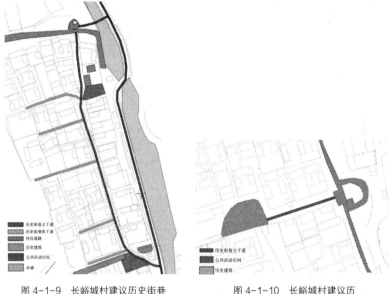

图 4-1-9　长峪城村建议历史街巷
（北部）平面图

图 4-1-10　长峪城村建议历
史街道（南部）平面图

史街巷（南部）。街巷主要为砖石铺地，大部分路段的一侧有行道树。街巷基本保留原有的历史风貌，道路的东侧尽端为瓮城，西侧尽端为村庄广场空间（图 4-1-10）。

3. 院落和建筑

长峪城村的建筑在建筑材料、形制及色彩上具有京郊传统村落的古韵，建筑材料以山中石材、灰砖、木材为主，建筑形制有硬山顶、地基高、门窗洞小的特征，黄色、青色、灰色是长峪城村建筑的主色调，辅以室内黑白纹饰，整体质朴整洁。其中，永兴寺、关帝庙、菩萨庙是昌平区文物保护单位，祯王庙为历史建筑（图 4-1-11）。

（1）建筑风貌评价

建筑风貌评价是对建筑物是否拥有反映村落历史文化特征的外观面貌及其保存状况的评价，以确定规划是否需要对建筑外观进行局部改造或整治更新。建筑风貌保存程度的划定不仅从静态的建筑平面形式分析，还从材料、构造、空间、外形的处理角度等诸多方面进行分析，更为重要的是从美学价值进行评论。根据对建筑特征的综合考虑，将村内建筑风貌划分为完整、一般、与历史风貌无冲突、与历史风貌有冲突四类（图4-1-12）。

风貌保存完整：指建筑保存反映村落历史文化特征的外观面貌完整或修复性保护良好，建筑细部及构件装饰精美的历史建筑（图4-1-13）。

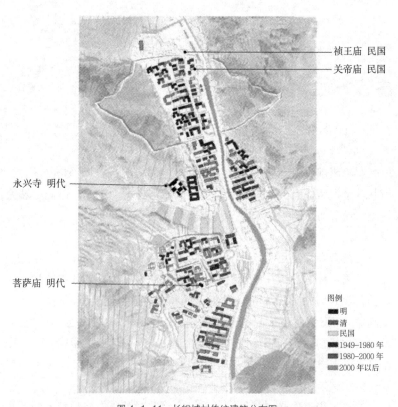

祯王庙 民国

关帝庙 民国

永兴寺 明代

菩萨庙 明代

图例
■ 明
■ 清
■ 民国
■ 1949~1980年
■ 1980~2000年
■ 2000年以后

图 4-1-11　长峪城村传统建筑分布图

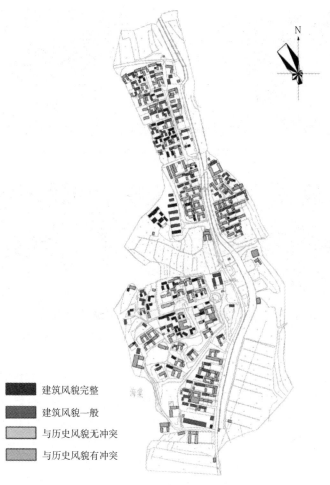

图 4-1-12　长峪城村建筑风貌评价图

风貌保存一般：指建筑保存反映村落历史文化特征的外观面貌基本完整或修复保护一般，局部存在破损，如局部损坏或建筑局部采用红砖、水泥、瓷砖等材料，但细部构件装饰仍保留历史文脉肌理的历史建筑。这类建筑需要对外观进行局部的维修（图 4-1-14）。

与传统风貌无冲突：指与传统风貌无冲突的新建筑，建筑在色彩、高度、风格体量等方面都与村落历史风貌较为协调（图 4-1-15）。

图 4-1-13　风貌保存完整的民居

图 4-1-14　风貌保存一般的民居

图 4-1-15　与传统风貌无冲突的民居

图 4-1-16　与传统风貌有冲突的民居

　　与传统风貌有冲突：包括外观面貌已严重残损、传统风貌特征无处可寻的老建筑，和传统风貌特征冲突较大的新建筑，包括在建筑高度、色彩、风格、体量上与历史风貌不相协调，建筑大面积使用红砖、水泥瓷砖等材料的建筑。这类建筑必须对外观进行整治（图 4-1-16）。

　　根据调研统计，长峪城村中风貌保存完整的建筑有 89 栋，占全部建筑比例 13.9%，风貌保存一般的建筑有 146 栋，占比 22.9%，与传统风貌无冲突的建筑有 62 栋，占比 9.7%，与传统风貌有冲突的建筑最多，共 340 栋，占比高达 53.5%。

　　（2）建筑质量评价

　　建筑质量评价，是对建筑物的主体和局部结构质量状况，以及是否存在安全隐患的评价。以确定规划是需要局部加固、整体加固还是需要重新修建甚至更新后不再建。规划根据长峪城村建筑的主体和局部结构及质量状况，以单体建筑进行分类统计，按建筑质量的优劣分为质量较好、质量一般、质量较差、建筑倒塌等四类（图4-1-17）。

图4-1-17　长峪城村建筑质量评价图

建筑质量较好：指建筑主体结构完好、稳固，窗户、屋顶基本无破损，不存在建筑内部结构问题。

建筑质量一般：指建筑主体结构质量尚可，但建筑局部结构质量存在一定问题，屋顶、墙体、门窗等部分有所破损，缺乏日常维护的建筑，这类建筑需要进行局部维护加固。

建筑质量较差：建筑主体结构尚存，但已严重损坏，存在倒塌破坏的安全隐患，建筑屋顶和墙体破损程度较大，建筑已濒临废弃或少有人使用，这类建筑需要整体加固维修。

建筑倒塌：建筑主体结构残缺不全，建筑已经大部分或完全倒塌，建筑屋顶和墙体破坏严重或已不存在，建筑已经废弃或无人使用，这类建筑一般需要更新或重新修建甚至拆除后不再建。

长峪城村的建筑质量普遍较好。根据调研统计，长峪城村中质量较好建筑有 401 栋，占全部建筑比例 62.9%，质量一般建筑有 139 栋，占比 21.9%，质量较差建筑有 94 栋，占比 14.7%，有 3 座倒塌建筑，占比 0.5%。

（3）建筑高度评价

长峪城村现状建筑都为一层的传统建筑。20 世纪 90 年代以来，村中大量人口外出务工，个别建筑因长期无人居住出现坍圮情况，损坏较为严重。整体而言，长峪城村对建筑高度控制的较好，对村庄周边视觉环境影响较小（图 4-1-18）。

■ 1层

图 4-1-18 长峪城村建筑高度评价图

（4）建筑结构

长峪城村的建筑按建筑结构可分为砖木结构、砖混结构和木结构三类(图4-1-19)。第一类是砖木结构,指建筑物中竖向承重结构的墙、柱等采用砖或砌块砌筑,楼板、屋架等用木结构（图4-1-20）。材料容易准备,费用较低,是农村屋舍常用的结构。第二类是砖混结构,是小部分钢筋混凝土及大部分砖墙承重的房屋结构。第三类是木结构,木结构是以木材为主的结构,耗材较大,一般是建筑年代较早保留至今的房屋。

长峪城村的建筑结构以砖木结构为主。根据调研统计,长峪城村中砖木结构建筑有487栋,占全部建筑比例的76.5%,砖混结构建筑有134栋,占比21%,木结构建筑有16栋,占比2.5%。

砖木结构
砖混结构
木结构

图4-1-19　长峪城村建筑结构分布图

图 4-1-20　长峪城村砖木结构建筑

4.历史环境要素

长峪城村域内的历史环境要素主要有古城墙遗址、水库（1座）、古树（1棵）、石碾（2个）等（图4-1-21）。水库：长峪城村有水库一座，位于村落北部1.3千米处，建于新中国成立初期，主要用于农田灌溉。沟渠：长峪城村内有沟渠1条，属于季节性的沟渠，由于泄洪需要，此沟渠两侧已建为水泥驳岸。古树：长峪城村森林植被丰富，村落周围生长着不少的树木，村庄内生长着一棵古树位于永兴寺门口。古树未挂牌，无保护措施。石碾：调研发现长峪城村有两个石碾，已废弃，被丢弃于废弃的磨坊之内，村民仅在碾压杏核取杏仁的时候使用。戏台：戏台位于永兴寺内，在寺庙内空地临时搭建，是戏班表演社戏的场地。

4.1.2　保护规划概述

长峪城村2013入选中国传统村落名单，与一般村庄规划不同，传统村落要求编制保护规划。2012年起住房和城乡建设部、文化部、财政部三个部委开始公示中国传统村落名录，即"中国传统村落"。在住房和城乡建设部等部门印发的开展传统村落调查的通知中明确界定："传统村落是指村落形成较早，拥有较丰富的传统资源，具

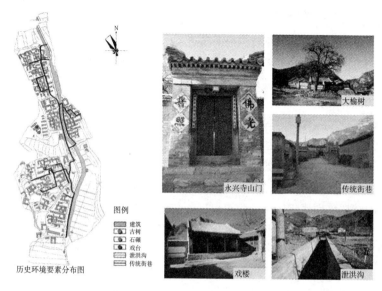

历史环境要素分布图

图例
■ 建筑
● 古树
● 石碾
● 戏台
▨ 泄洪沟
═ 传统街巷

大榆树

永兴寺山门

传统街巷

戏楼

泄洪沟

图 4-1-21 历史环境要素分布图

有一定历史、文化、科学、艺术、社会、经济价值，应予以保护的村落"。

传统村落保护时应遵循"真实性""完整性""可持续性"原则。传统村落可以通过控制性标准和指引性的建议来实施保护，达到预期的要求和效果。好的引导和必要的控制都是不可缺少的，而传统村落作为一个整体的历史文化遗存和环境，对它的保护也许需要更多的引导和理解。在传统村落的保护中控制性的标准更能保护它的比例尺度等特性。而对于街巷、院落、引导的方法能更好的起到保护作用。保留对原有村落格局的尊重，强调一种日常性的体验，希望在总体上保留住村落的原始自然风貌，而并非以一种"重写"的方式去完成村落的改造。村落内部很多好的要素要通过一定的方式被保存、记录，并被展示出来，力求以一种"低影响"的方式，完成对村落的保护改造更新。

保护规划的主要内容包括：确定保护对象，划定保护区划，制定保护措施。

传统村落既不同于普通村落，更有别于历史文化名村，目前对传统村落的保护方式还停滞在历史文化名村式的保护方式，以保护空间为主的博物馆式保护、历史街区保护、分区式保护、原生态式保护、以发展为主的旅游开发式保护、景观设计式保护以及特色产业式保护的保护方式，综合而言无非分为两种情况，一种情况是"原地踏步"的博物馆式保护，另外一种是"大拆大建"的假古董式保护，均难以指导传统村落的良性发展。

历史文化名村的历史文化价值高于一般村落，具有相对连续的历史文化空间。一般村落的传统文化空间在城镇化的进程中遭到了较大的破坏，现代化的生活生产对传统文化的侵蚀已不可阻挡，从而形成了村落文化和空间肌理出现了高度的错位和碎裂。现代化的生活与传统文化的交融形成了现代村落新的"传统特质"。

传统村落不同于以上这两种村落，整体的连续性和局部的片段性使传统村落展现出其特殊的一面，在传统村落的保护中，应该在整体保护原有肌理和文化的基础上，重点从局部上修补不和谐的风貌，点式修复传统风貌，融合现代化建设和生活需求，做到新老结合，保护与发展建设的平衡和谐（图4-1-22）。

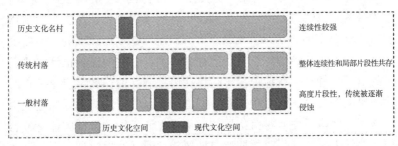

图4-1-22 传统村落片段化的特殊性

基于传统村落的空间特质分析，本次工作以织补理论为切入点，从产业发展，用地整合，村庄保护、村落空间布局四个层面对长峪城村进行规划。织补理论强调的是点式的修补和选择性的织入，反对大规模的保护改造，也反对大面积的发展建设。在村落整体性保护的原则下，进行局部的动态织补。充分尊重传统村落历史过程的真实性，保留村落的历史发展痕迹。在村落保护的基础上，进行局部的建设，保留村庄整体空间结构的完整性，保护传统文化的系统性，使整个传统村落保持动态发展的整体性。

长峪城村保护规划的内容包括两部分，一是要明确保护什么？即保护对象的确定，在此基础上划定保护区划。二是解决怎么保护的问题？即提出保护措施的导则，编制古村落保护时，有指导性的导则要强于过于严格刻板的规定。

4.1.3 保护对象认定

1. 确定保护对象

通过对长峪城村的地形地貌、风水格局、村落选址、院落建筑、街巷肌理、历史环境要素和南窖文化及非遗等进行充分的分析，最终确定保护对象。经调查分析、特征分析与价值评估，对长峪城村的传统资源进行整理，将保护对象确定为以选址与自然环境、格局与整体风貌、传统建筑与街巷、历史环境要素、非物质文化遗产等类别（图 4-1-23）。

选址与自然环境要素包括龙潭泉水库、泄洪沟、农田。龙潭泉水库是长峪城村重要的水源保障和景观节点，泄洪沟是村庄安全的重要保障，农田是村民生产生活的基础背景，与村落共同组成最基本的村域格局关系。

格局与整体风貌要素包括山水环境、公共空间、古城墙。村落山水环境体现传统选址文化思想，公共空间是村落传统生活的重要场所，古城墙既是传承军堡文化的载体，也是村落格局的重要骨架。

传统建筑与街巷包括传统街巷、民居及古寺庙。传统街巷包括旧城古巷道、永兴寺街道、新城古巷道三条，是传承传统文化的线性空间要素。古寺庙包括永兴寺、关帝庙、菩萨庙、祯王庙等，既是民间信仰的集中体现，又是见证宗教建筑文化的重要承载。

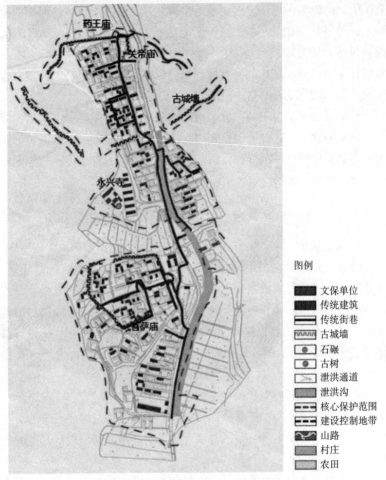

图 4-1-23 长峪城村保护对象认定图

　　历史环境要素包括古树和石碾。古树位于永兴寺山门前西侧，是一颗径约两人合抱、树高 8 米的古榆树。调研中发现长峪城村有两个石碾，已废弃，被丢弃于废弃的磨坊内，是村落传统生产的遗留。

　　非物质文化遗产包括长峪城社戏和元宵灯会。长峪城社戏是昌平地区唯一一个传统社戏戏班，长峪城村也是北京市少有的留有社戏的村子，是极具特色和识别性的传统文化。

2. 划定保护区划

保护区划按照住房和城乡建设部《历史文化名城名镇名村保护规划编制工作要求（试行）》规定划分为三类：核心保护区、建设控制地带，环境协调区（图4-1-24）。

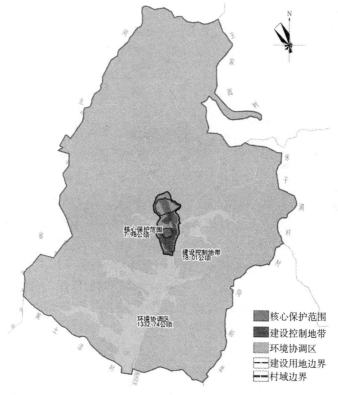

图 4-1-24　长峪城村村域保护区划图

对传统村落进行整体保护，可以保护整个村落的形态和风貌，但是整体保护成本过高，并且制约了村庄未来的发展，实施起来困难较大。在权衡保护与发展的多重因素后，将之前确定的保护对象全部划入到核心保护区内，实施最严格的保护措施；在此基础上，再划定建设控制地带和环境协调区，保证村落整体风貌的协调，也为村庄发展留下了余地。

核心保护区，指包含文物保护单位和有保护价值的传统建筑群、风貌保存较好的传统街巷的区域。长峪城村以南北古城堡城墙遗址外30米为核心保护区范围，划定面积 7.98 公顷。区域内以保护修缮为目标，保持街巷的肌理、修缮建筑构件、恢复院落风貌和景观、对不同风貌等级的建筑采取不同的修缮措施、对新建建筑外立面的风貌进行整治。核心保护区包含了所有的普登文物、建议普登文物、有价值历史建筑、一般历史建筑、和一部分传统风貌建筑，以上述建筑的位置为依据确定核心保护区边界，目的是尽量全面的对有价值的建筑进行保护。长峪城村核心保护区旨在保护长峪城村选址的军事要塞特点，保护南北城堡的空间格局。

建设控制地带，指核心保护区范围以外允许建设，但应严格控制其建筑物的性质、体量、高度、色彩及形式的区域。长峪城村建设控制地带东至古城墙遗址外 60 米，南至养殖场南 30 米，西至永兴寺建筑外 30 米，北至古城墙遗址外 60 米，划定面积 18.01 公顷。控制对象为核心保护区范围外的建筑。本区域以恢复风貌的整治为目标，这一区域内新建院落较多，需要重点对建筑风貌进行恢复和整治，使整个村庄的风貌实现统一。此外还需控制其建筑物的性质、体量、高度、色彩等内容。长峪城村建设控制地带旨在保护长峪城村选址的军事要塞特点，保持村落与山体相依的远观的整体性与层次感。

环境协调区，指在建设控制地带之外，划定的以保护自然地形地貌为主要内容的区域。长峪城村环境协调区是村域范围内、建设控制地带以外全部区域，四至长峪城村村域边界，划定面积约 1332.74 公顷。协调对象主要是建设控制地带之外的自然地形地貌。环境协调区西边界为红南路至水峪方向道路，东边界和南边界为村域边界。

4.1.4　保护措施

1. 空间形态与环境保护

规划确定保护"背山面水，环山聚气"的村庄山水环境。长峪城村选址考究，群山延绵环绕，泉水潺潺流下，自然风光优美，生态环境优越，是北京西北的天然氧吧。因此严禁在环境协调区与保持区的山体中进行工程建设，注重山体的水土保持，保护山体的自然植被。注意保持水域环境的清洁，加强水岸的绿化与美化（图 4-1-25）。

图 4-1-25　长峪城村山水环境

此外，还要对古城堡中的空间对景进行保护，保持景观视廊的通畅，突出长峪城村明清时期作为京畿西北守国要城的重要历史地位。景观视廊以新旧两城中的历史街巷为依托，串联古城墙、古寺庙等军堡遗迹，突出深厚的军堡文化内涵。在控制方法上采取点状控制和线状控制，对遮挡空间对景和景观视廊的树木进行修剪，清理视线范围内的不和谐景观。对现状的历史文化遗产进行科学保护，维持历史环境要素的真实性和完整性。

2. 街道保护

历史街巷的保护与整治是传统村落保护规划中的重要内容。长峪城村新旧两城中的历史街巷，不仅是村里的生活道路，它见证了长峪城村的兴衰，承载着厚重的历史，具有深刻的历史文化内涵。长峪城古城堡留下的物质遗产，基本上分布在历史街道两侧，因此长峪城村的历史街道还是统领历史环境要素的线性空间，在村落传统文化的承载中发挥重要的空间承载作用。

随着长峪城村游人的增多，村内新增了大量农家乐建筑，现代化的风格极大地破坏了长峪城村的历史街巷传统风貌。再加上保温层的风貌破坏、废弃建筑的风貌破坏等，历史街巷呈现出风貌片段化的问题。例如街巷两侧建筑都裹上了保温层，部分建筑增盖二层，屋顶变成了平顶，部分院落的院墙倒塌等（图 4-1-26、图 4-1-27）。

图 4-1-26　历史街巷积水　　　　　　　图 4-1-27　历史街巷缺乏维护

　　传统村落街巷的风貌断裂主要体现在街巷的侧界面、底界面以及顶界面。其中，侧界面是风貌展示最多的界面，同样也是受破坏最大的界面。长峪城村北部传统街巷的街巷风貌整体而言是相对连续的，但是在个别风貌不协调建筑的影响下，与周围建筑形成了不连续的界面。规划编制针对长峪城村历史街巷的三个界面，选取旧城内的历史街巷进行沿街立面改造示意，提出设计导则（图 4-1-28）。

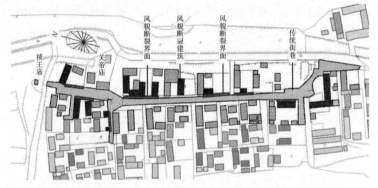

图 4-1-28　长峪城村街巷风貌断裂分析图

（1）顶界面修补

　　顶界面的主要修补对象为建筑屋顶、屋顶铺装、屋脊等，北部历史街巷顶界面修补主要为平改坡，统一街道两侧建筑屋顶的风貌。将部分二层建筑规范为一层建筑，恢复历史街道原有的空间尺度（图 4-1-29 ～图 4-1-32）。

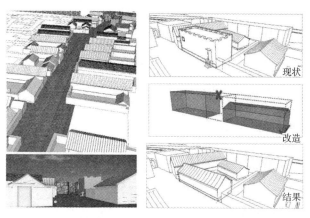

图 4-1-29　长峪城村北部历史街巷屋顶改造示意图

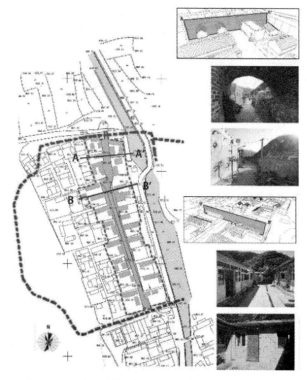

图 4-1-30　长峪城村北部历史街巷顶界面修补措施示意图

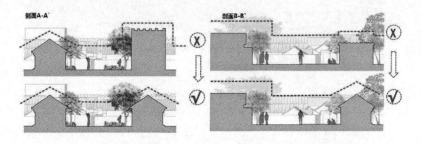

图 4-1-31　长峪城村北部历史街巷顶界面修补措施示意图

图 4-1-32　长峪城村北部历史街巷顶界面改造示意图

（2）侧界面修补

街巷两侧建筑山墙采用硬山式，对建筑高度进行量化控制：主房控制高度1丈2尺，厢房控制高度1丈1尺，耳房控制高度9尺。

山墙的形式采用长峪城村常用的两种典型做法，即干摆到家和泥水墙（图4-1-33）。选取整砖墙采用"干摆到家"的做法，墙体从上到下全部干摆。选取泥水墙则是外整内碎，可在碎砖墙外抹麻刀灰，做成混水墙。山墙由腿子、墙心、墀头组成，腿子多用干摆，墙心整砖干摆，碎砖抹麻刀灰。后檐墙采用封护檐做法，把檐檩，梁头砌入墙内。墀头饧檐做法效仿大门做法。选取泥水墙及干摆到家山墙形式的原则，其一是山墙的现状条件，如果现状是泥水墙，则尽量保持其原始形式。其二是村民的意愿。屋脊采用清水脊做法，两端用花草砖装饰，砖的砌筑跨草和平草均可（图4-1-34）。

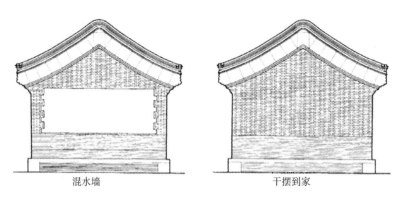

混水墙   干摆到家

图 4-1-33 历史街巷典型山墙修补示意图

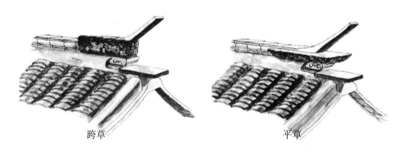

跨草   平草

图 4-1-34 历史街巷典型屋脊修补示意图

外部围墙不采用卡子墙的做法，不增添过多的墙面装饰，对顶子进行装饰。从传统建筑材料中提取适合北方的建筑立面色彩，用于街巷沿街建筑的立面改造中，使街道界面既有特色又能融入当地传统风貌（图 4-1-35、图 4-1-36）。

图 4-1-35 长峪城村北部历史街巷织补效果示意图 -1

图 4-1-36 长峪城村北部历史街巷织补效果示意图 -2

（3）底界面修补

街巷的铺装、绿化、小品等设施尽量采用当地原有铺装材料铺设，绿化、小品等设施应与周围环境及传统建筑相协调，互相修景，延续风貌。

传统街巷是村落的骨架，规划要求保护街巷景观，建设活动不得干扰街巷视觉走廊。对传统街巷的走向、宽度、街廓比例、两侧界面风貌、相关历史信息给予保护，不允许侵占、改线或拓宽，保护长峪城村步行环境和氛围，同时维持原有传统路面材料和道路路面铺砌方式。为统一传统街巷与其他街巷的风貌，对道路分级提出样式及材质的规划管控和引导要求：

对外道路：对外交通道路宽度不宽于 5 米，核心保护范围周边，对传统风貌影响较大的对外交通道路材质宜使用仿青砖或石板；核心保护范围外，对传统风貌影响小的对外交通道路可使用水泥铺装，并要求道路保持畅通、干净整洁，道路两边宜进行绿化。

村庄主路：维持现有主路宽度，禁止拓宽或侵占，采用仿青砖或石板铺设，禁用其他材质，道路保持畅通、干净整洁，道路两边进行绿化。

村庄次路、入户路：维持现有道路宽度，禁止拓宽或侵占，采用仿青砖或石板铺设，禁用其他材质，道路保持畅通、干净整洁，宽度允许的路段两边进行绿化。

野道样式及材质：保持土路或简单铺设石板或碎石，禁止硬化铺路，控制道路宽度不宽于 1.5 米，野道两旁不刻意绿化。

3. 院落及建筑保护

长峪城村建筑分类保护规划中，主要分为公共建筑、典型民居、一般民居、历史环境要素这几个类别，每个类别中又根据风貌的不同制定不同的保护措施，形成分级分类的保护指导规则（表4-1-1）。

长峪城村建筑分类保护规划表　　表4-1-1

建筑分类	保护措施	风貌类型	具体对象
公共建筑	原物保护	文保单位	永兴寺
	复建	损毁较严重无法恢复的文保单位	关帝庙
	修缮	风貌协调的历史建筑和传统建筑	菩萨庙、祯王庙
	改造	风貌不协调的传统建筑	养殖场、小学
典型民居	原物保护	文保单位、历史建筑	城内民居
	修缮	风貌协调的传统建筑	
	改善	风貌协调的非传统建筑	
	整治	风貌不协调的非传统建筑	
一般民居	原物保护	文保单位、历史建筑	瓮城外民居
	修缮	风貌协调的传统建筑	
	改善	风貌协调的非传统建筑	
	改造	风貌不协调的非传统建筑	
	拆除	坍塌了的建筑	
历史环境要素	原物保护	文保单位	古瓮城
	复建	损毁较严重无法恢复的文保单位	古城墙

　　公共建筑的分类保护：公共建筑主要包括永兴寺、关帝庙、菩萨庙、祯王庙、养殖场、小学。永兴寺为县级文保单位，主要由文物局定期进行修缮。关帝庙年久失修已倒塌，规划对其原址复建。菩萨庙近年经修缮，需要添加一定的照明和防火设施。祯王庙整个建筑风貌和砖石结构保存较完整，需恢复修缮其外立面、门窗屋顶等部分建筑构件，并对构件做刷漆防腐处理。养殖场及小学均已倒塌，规划针对其公共空间属性，进行节点设计给予改造，丰富村民生活空间的层次。

民居以古城堡内、古城堡外进行分类保护：村庄位于村域保护区划中的核心保护区，古城堡内外的民居分布格局及类别的差异较大。古城堡内的建筑以典型民居为主，古城堡外的建筑以一般民居为主，因此将古城堡中的民居给予重点保护。

（1）城堡内：以保护修缮为目标

古城堡内民居位于核心保护范围内，以保护修缮为目标，保持街巷的传统尺度和肌理，对建筑构件进行修缮，以恢复院落风貌和景观。对不同风貌等级的建筑采取不同的修缮措施，新建建筑外立面与传统风貌不协调的部分要求恢复性整治。规划将现状建筑按照建筑风貌及建筑质量等因素分类，并提出相应的保护和整治措施（图4-1-37）。

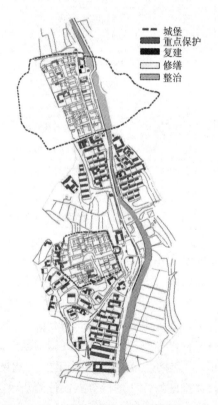

图4-1-37　长峪城古城堡内民居保护措施

1）建筑控制要求

屋顶样式及材质。传统屋顶皆为灰瓦双坡屋顶，部分屋顶有鸱吻、滴水等装饰。所有建筑整治皆应符合灰瓦双坡形式，平顶或单坡屋顶需整治改造，装饰细节不具体要求，需定期维护屋顶，防止漏雨。

墙体样式及材质。传统墙体为青砖或青砖和石头相结合，考虑到现有青砖造价高、更换墙体工作量大，所有原为传统材质的墙体，沿用原材质修复；对于新建红砖建筑或青砖墙体外观改变的建筑，采用风貌协调，即用仿青砖贴砖，白色勾缝方法，与传统墙体相协调。所有院墙按此标准实施。

门窗样式及材质。传统门窗为棕红色或原木色木质门窗，部分门窗有中式窗格。现新型门窗例如塑钢材质，保温性能突出，仅对外观进行遮挡，窗外安装棕红色木质支摘窗，使实用及美观相结合。院门要求颜色协调，风格与建筑统一，材质不具体要求。

台阶样式及材质。传统台阶为石质，造价较高，可采用风格相近的水泥材质，样式要求实用简单与传统风格统一，可选择在水泥台阶上贴石板。

2）建筑保护措施

古城堡内的建筑保护措施分为三类，分别为重点保护类建筑、修缮类建筑、整治类建筑（表4-1-2）。

长峪城村瓮城内典型民居建筑分类保护规划表　表4-1-2

保护分类	风貌类型	具体措施	面积（m²）
重点保护	文保单位（菩萨庙、祯王庙）	保护	54
复建	损毁较严重无法恢复的文保单位（关帝庙）	原貌复建	98
修缮	风貌协调的传统建筑	修缮建筑屋顶、立面、山墙、门窗及装饰构件，改善内部设施	6391
整治	风貌不协调的非传统建筑	对建筑屋顶、墙体、台阶、门窗及细部采取整治、改造等措施，使其与传统风貌相协调	1233

重点保护类建筑：重点保护类建筑为文保单位，包括菩萨庙，祯王庙，占地面积54平方米，关帝庙占地98平方米。古城堡为国家级重点文物保护单位，是明长城的附属设施。在文物保护单位的保护范围内，与文物保护、展示、利用无关的非文物建筑物与构筑物，不应保留，不应采取修缮、整治和翻建的措施。规划对重点保护类建筑进行原址保护，采取最小的干预措施，修缮前报批相关手续。

城堡内的重点保护建筑有菩萨庙和祯王庙，保持其原有的高度、体量、外观形象及色彩，避免周边开展建设工程，按照《中华人民共和国文物保护法》的有关规定实施保护。菩萨庙近年经修缮，添加一定的照明和防火设施后可作为村庄旅游的一个景点。祯王庙整个建筑风貌和砖石结构保存较完整，需恢复修缮其外立面、门窗屋顶等部分建筑构件，并对构件做刷漆防腐处理。长峪城村地处中等地质灾害易发区域，且城堡周边有多个崩塌隐患点，应以"保护为主、发展为辅"的思路，提前进行地质灾害评估，强化地灾风险评价与管理工作。将传统建筑的修缮改造相关资料纳入档案管理，以便于传统建筑后续的保护和维护（图4-1-38）。

修缮屋顶木质结构，替换坏瓦

修补门窗，恢复古庙外立面

祯王庙保护修缮措施

设立石碑，完善院落景观

修复壁画，粉刷墙面

图4-1-38 祯王庙保护措施

修缮类建筑：包括风貌协调的传统建筑，具体措施为修缮建筑屋顶、立面、山墙、门窗及装饰构件，改善内部设施，占地面积6391平方米。对于修缮类建筑，整体上应保持建筑原样，即保持传统的结构、材料、尺度、工艺、色彩、装饰，以求如实反映传统遗存；进行日常保养、防护加固、现状修缮的同时，必须遵守不改变其原状的原则，对于损坏构件建议采用原样替换（图4-1-39、图4-1-40）。

图4-1-39 城堡内修缮类建筑整治措施1

图4-1-40 城堡内修缮类建筑整治措施2

整治类建筑：包括风貌不协调的非传统建筑，具体措施为对建筑屋顶、墙体、台阶、门窗及细部采取整治、改造等措施，使其与传统风貌相协调。对于整治改造类建筑，进行维修更新，达到人畜分离、增加厨卫、改善防火条件的目的（图4-1-41、图4-1-42）。

图 4-1-41　城堡内建筑整治类建筑整治措施 1

图 4-1-42　城堡内建筑整治类建筑整治措施 2

（2）古城堡外一般民居

以恢复风貌的整治为目标，这一区域内新建院落较多，需要进行恢复性立面整治，使整个村庄的风貌实现统一。古瓮城外的风貌不协调性的建筑较多，同时靠近主要村庄道路，因此在保护的同时应注重对不协调风貌建筑的整治改造（图4-1-43）。

图例：
- 古瓮城
- 重点保护
- 复建
- 修缮
- 整治
- 翻建

图4-1-43 长峪城村瓮城外建筑分类保护规划图

1）建设行为控制要求

古城堡外的民居位于建设控制地带中，原则上不进行任何建设，特别是有污染的、对环境产生不良影响的建设行为。生产活动或景观需要搭建的小体量建、构筑物是被允许的，但新增建筑风貌必须采用原材料、原工艺进行建设，维持村落的传统风貌。新旧建筑维持原有的高度，不能随意增加规模、高度，要求做到原拆原建、修旧如旧，不得破坏村庄整体风貌与空间视廊的通达性。

在建设控制地带内着重对自然环境保护与修复、村落与自然环境之间相互连通的视线通道的保护，以及山、水、田、村落的格局保护。对于梯田与山林采取严格封山育林进行水土保持，不得随意侵占梯田，从而达到延续村落与山体田园、自然植被等的融合与共存关系，以保持村落特色景观风貌。

2）建筑保护措施

古城堡外的建筑保护分类为四类：为重点保护类建筑，修缮类建筑，整治类建筑以及翻建类建筑（表4-1-3）。

长峪城村瓮城外一般民居建筑分类保护规划图　　表4-1-3

保护分类	特点	具体措施	面积（m²）
重点保护	文保单位（永兴寺）	保护	481
修缮	风貌协调的传统建筑	修缮建筑屋顶、立面、山墙、门窗及装饰构件，改善内部设施	8042
整治	风貌不协调的非传统建筑	对建筑屋顶、墙体、台阶、门窗及细部采取整治、改造等措施，使其与传统风貌相协调	3348
翻建	院落格局不完整和已坍塌的建筑	建筑形式遵循当地传统形式，建筑尺度、选材等均应与传统风貌相协调	225

重点保护类建筑为文物保护单位，其中永兴寺占地面积481平方米。

修缮类建筑为风貌协调的传统建筑，具体措施为修缮建筑屋顶、立面、山墙、门窗及装饰构件，改善内部设施，占地面积8042平方米。对于修缮类建筑，加以矫正加固，而在加固过程中一定要采用传统结构体系、传统材料及传统工艺进行维修。

整治类建筑为风貌不协调的非传统建筑，具体措施为对建筑屋顶、墙体、台阶、门窗及细部采取整治、改造等措施，使其与传统风貌相协调，占地面积3348平方米。

　　翻建类建筑为院落格局不完整和已坍塌的建筑，具体措施规定建筑形式遵循当地传统形式，建筑尺度、选材等均应与传统风貌相协调。设计结合农村外墙保温的政策，采集长峪城村特色的外墙立面肌理，在保温层外部采用仿石仿砖压印工艺，使设计达到修旧如旧的效果，最大限度的还原当地风貌，占地面积225平方米（图4-1-44、图4-1-45）。

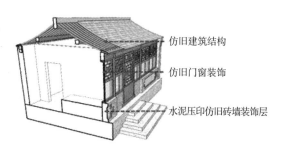

图4-1-44　外观装饰面构件剖面图

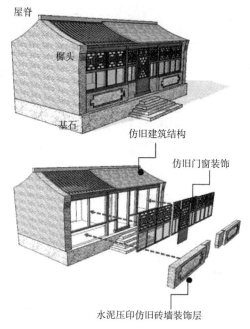

图4-1-45　外观装饰面构件组成分析图

4.历史环境要素保护

长峪城村的历史环境要素主要指古瓮城及古城墙，规划修复瓮城古城墙，其中北部瓮城规划修复 857.6m，南部瓮城规划修复 508.4m，总计 1366m。对于古城墙的修复应以残存的城墙为例，不追求恢复古城墙原貌，应尽量修复其历史感，保护其历史性、真实性（图 4-1-46）。

图例
- 建筑
- 古树
- 石碾
- 泄洪沟
- 传统街巷
- 修缮
- 原址保护
- 改善风貌
- 整理环境

图 4-1-46　长峪城村历史环境要素保护措施图

（1）沟渠

对沟渠进行清淤，确保水流畅通。对重要泄洪沟进行驳岸加固及绿化，有效减少水土流失、提升泄洪沟泄洪能力（图 4-1-47）。

（2）石碾

对村落散布的石碾进行重新布置，使之成为村落传统文化的重要展示范例（图4-1-48）。

图 4-1-47 长峪城村河道

图 4-1-48 长峪城村石碾

（3）古城墙遗址和瓮城

修复城堡古城墙，其中长峪城旧城规划修复857.6米，长峪城新城规划修复508.4米，总计1366米。对于古城墙遗址进行杂草的清理，进行日常保养、防护加固、现状修缮。对于紧贴城墙的非文物建筑，应予以拆除。对于历史存在的但因为各种原因而严重破损或是消失，具有较高历史、科学、艺术价值，能够反映传统风貌和格局的古城墙遗址，可以进行重建，比如瓮城。

（4）古树

对村庄内现存的古树数量、树种、树龄、位置等相关信息的统计，整理其周边环境并请示林业部门进行挂牌保护。严格保护古树，整治古树周边环境，确保古树的安全（图4-1-49）。

（5）戏台

图 4-1-49 长峪城村古树

戏台为村民唱社戏所用，是重要的非物质文化遗产的载体，应保护其场地不被侵占。

5. 非遗文化和历史文化保护

长峪城村非物质文化遗产保护的首要任务是长峪城社戏的传承，建立专项基金保护和传承非物质文化遗产，成立非物质文化遗产传承中心，培养长峪城社戏传承人，鼓励和支持社戏文化传承人收徒授艺。广泛收集非物质文化遗产的相关资料，对非物质文化遗产进行系统的记录整理，用现代科技手段进行留存和宣传。建议政府文化部门组织民间艺人开展活动，并对民间文化艺术传承作出贡献的艺人给予一定的奖励。将长峪城社戏的学习扩大到昌平区山区的中小学，作为体育课教学内容，并将宣传、交流、教学与体验等多种方式相结合，不断扩大长峪城社戏的影响力。

长峪城社戏的发展与保护并重，成立专项资金扩大长峪城山梆子戏团体规模，深入研究并创新动作，使其更具技巧性和观赏性。整治长峪城社戏的表演场所，戏台用于公开表演长峪城社戏等传统艺术，当前舞台外形上过于简单，缺乏民族特色，建议增加有民族文化特色的装饰。在旅游旺季提高演出频率，建议整合临近村庄演艺资源，拓展演艺形式，联合周边村庄多种表演，各个村落循环演出，重现山区传统节日盛况。

4.2 长峪城村发展规划

4.2.1 规划结构

规划结合村庄本底特征，整合村域空间资源，依托道路形成"一心、一轴、多片区"的规划结构。"一心"指高端度假核心，立足于长峪城村优越的历史文化资源，大力发展高端山村度假产业（图4-2-1）。以高品质休闲生态文化体验基地为出发点，积极开发高端度假、旅游接待、游览观光、农业田园体验。"一轴"指产业发展轴，作为贯穿于长峪城村的发展轴，横穿海棠景观大道、高端山村度假区、龙潭水库休闲中心，是长峪城村的旅游发展轴。长峪城村整个村域分为"多片区"，包括海棠景观区、旅游观光区、休闲度假区、山地体验拓展区和山地农林种植区。海棠景观区依托山地造林政策打造海棠景观大道，由林业发展开启长峪城村产业发展序幕。旅游观光区将龙潭水库以及长城遗址等自然景观打造成国家 AAAAA 级自然风景区。休闲度假区以高端度假为引导构建村庄旅游产业体系，是支撑高端度假核心的配套设施空间。山地体验拓展区、山地农林种植区为村庄提供景观旅游基础。

图 4-2-1 长峪城村发展规划结构

4.2.2 土地使用规划

1. 用地现状特征

（1）建设用地的片段化

长峪城村庄现状用地建设总量为 11.2 公顷，村域总面积为

1358.73 公顷。长峪城村国土规划中建设用地包括两大块：其中村庄南部村镇建设用地①为 147.76 亩，北部村镇建设用地②为 92.40 亩，以及其他建设用地。村镇建设用地①现状为农业用地，村镇建设用地②现状为村民宅基地。两块建设用地相距 717 米，片段化情况严重（图 4-2-2）。

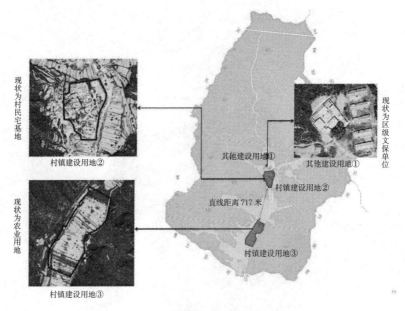

图 4-2-2　长峪城村土规中建设用地分析图

其中村庄现状宅基地主要位于北侧，除了村镇建设用地②规划有建设用地外，其他宅基地均无建设用地指标，不符合村庄发展需求。包括村民健身广场、村庄停车场、村庄泥石流灾害搬迁用地、村庄北部已有的村民宅基地等均需要统筹和置换建设用地（图 4-2-3）。

（2）用地功能极度不完善

长峪城村现状用地建设总量中，村庄公共服务设施用地、道路与交通设施用地、基础设施用地严重不足，用地功能急需完善（图 4-2-4）。

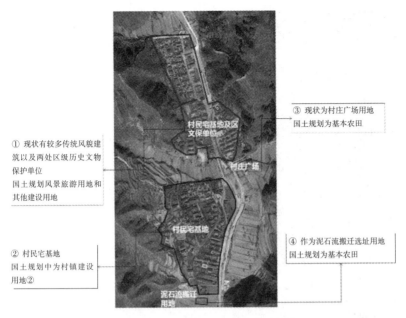

③ 现状为村庄广场用地
国土规划为基本农田

① 现状有较多传统风貌建筑以及两处区级历史文物保护单位
国土规划风景旅游用地和其他建设用地

② 村民宅基地
国土规划中为村镇建设用地②

④ 作为泥石流搬迁选址用地
国土规划为基本农田

村民宅基地及区文保单位

村庄广场

村民宅基地

泥石流搬迁用地

图 4-2-3 长峪城村需要的建设用地分析图

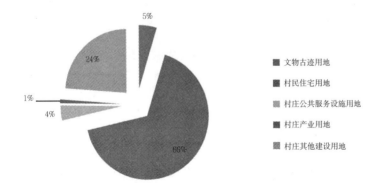

- ■ 文物古迹用地
- ■ 村民住宅用地
- ▨ 村庄公共服务设施用地
- ■ 村庄产业用地
- ▦ 村庄其他建设用地

图 4-2-4 长峪城村建设用地分类分析图

（3）部分用地受泥石流灾害影响

长峪城村主要的自然环境威胁源于泥石流灾害，村落中共有10户受到影响，需要搬迁（图4-2-5）。

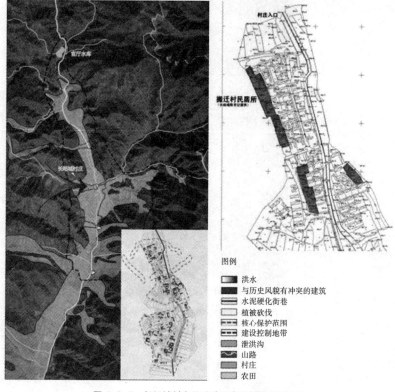

图例
■ 洪水
■ 与历史风貌有冲突的建筑
▦ 水泥硬化街巷
□ 植被砍伐
▦ 核心保护范围
▦ 建设控制地带
▧ 泄洪沟
〜 山路
▦ 村庄
▦ 农田

图 4-2-5　长峪城村自然威胁因素分析及搬迁农户

2. 用地置换调整

长峪城属于国家级传统村落，因此建议国土规划根据实际发展需求进行微调，将建设指标进行腾挪置换。规划将南侧建设用地的指标置换到北侧，满足村庄现状发展需求，完善公共服务设施用地、基础设施用地、广场用地等（图 4-2-6）。

村庄用地规划中增加了公园绿地、广场用地、村庄道路与交通设施用地、公共服务设施用地、市政与公用设施用地。同时完善了村民住宅用地、文物古迹用地，并规划泥石流搬迁用地（图 4-2-7）。

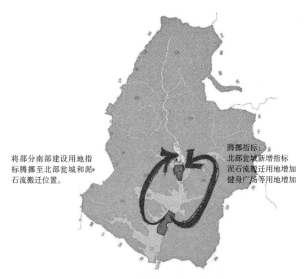

将部分南部建设用地指标腾挪至北部瓮城和泥石流搬迁位置。

腾挪指标：
北部瓮城新增指标
泥石流搬迁用地增加
健身广场等用地增加

图 4-2-6 长峪城村建设用地置换分析图

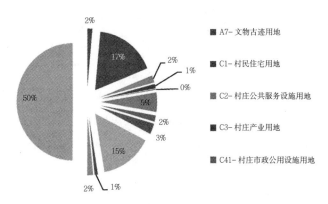

- A7- 文物古迹用地
- C1- 村民住宅用地
- C2- 村庄公共服务设施用地
- C3- 村庄产业用地
- C41- 村庄市政公用设施用地

图 4-2-7 长峪城村建设用地规划分类分析图

3. 土地使用规划

根据国土规划，长峪城村内无国有用地，村内建设用地均为集体性质的村镇建设用地。因此长峪城的用地权属均为集体用地。

规划总建设用地为 10.47 公顷，合计 157.10 亩。其中泥石流搬迁选址用地 4.2 亩，相较于现状用地，减少了 0.73 公顷，合计 10.90

亩建设用地。村庄用地规划中增加了公园绿地、广场用地、村庄道路与交通设施用地，未破坏村落的整体环境风貌。同时完善了村民住宅用地、文物古迹用地，并规划泥石流搬迁用地（图4-2-8、图4-2-9）。

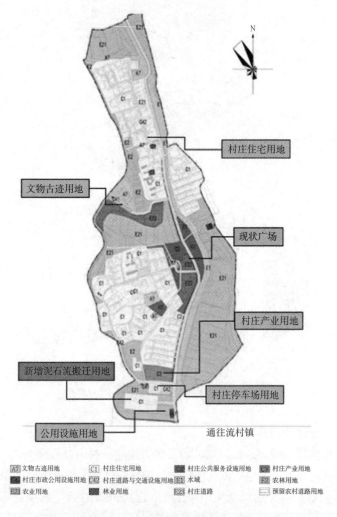

图 4-2-8　长峪城村建设用地规划分类分析图

图 4-2-9 长峪城村泥石流搬迁新增民居

4.2.3 产业发展规划

1.产业发展策略

（1）一、三产业结合发展

立足于长峪城村优越的历史文化资源、自然生态资源，以农林业为基本发展产业，在已有村庄农家乐发展的基础上，发展高品质山村度假产业。以高品质休闲生态文化体验基地为出发点，积极开发高品质度假、旅游接待、游览观光、农业田园体验。

（2）限制游客容量，提倡微旅游

依据上文对传统村落旅游控制的分析，采用传统民居和传统街巷相结合的方法控制长峪城村的游客容量，倡导村落微旅游（表 4-2-1、表 4-2-2）。

传统民居旅游容量控制示意表　　　　　　　表 4-2-1

类型	面积（m²）	游客涉足面积（m²/人）	周转率（次/天）	每日容量（人）
文保单位、历史建筑及知名传统民居（自愿开放）	650	20	10	325
一般民居（自愿开放）	1200	40	10	240

传统街巷旅游容量控制示意表　　　　　　　表 4-2-2

类型	长度（m）	游客涉足面积（m²/人）	周转率（次/天）	每日容量（人）
传统街巷	356	10	5	178
一般街巷	300	5	5	30

经过计算，长峪城村每天的游客容量为 773 人，在重要节假日应当控制村内的游客量，保护村落的传统风貌。

2. 产业规划项目

山区乡村发展旅游产业是山区经济新的增长点，北京首都功能定位对产业发展质量提出更高要求，乡村旅游产业同样面临从低效粗犷到精细提质的发展阶段。长峪城以打造高品质传统村落度假旅游为引擎，积极开发户外休闲体验、田园观光体验、休闲度假住宿、山地健身探险等产业。通过高端旅游度假激活服务业等其他旅游附加产业，打造长峪城村多业态生态产业链。规划意图让长峪城村成为一个不但能吸引游人而且能留住游人的美丽乡村。

规划以高端度假为主导产业，大力发展体验式山村度假，同时在村内发展游客接待、旅游度假配套设施建设、休闲观光体验等。利用天然地理优势营造封闭区域，以长峪城新城城墙为边界，织补毁坏的古城墙，把南古城堡打造成高端度假区。将现有农家乐打造成旅游接待区，为游客提供旅游咨询、餐饮服务等。同时考虑在村口设立停车场、交通转换场等配套设施。对古城堡织补修复，结合永兴寺、戍边城堡古城墙、关帝庙等遗迹进行织补修复，同时组织游人游览观光。

规划依托原有淳朴老瓦、老砖、老窗，外观保持完好的院子、房屋，在尊重传统建筑文化、保持原有建筑风格的前提下，针对都市人的度假生活需要，设计现代化的室内起居设施，打造"外朴内雅"的传统村落度假酒店。高端体验式度假酒店提供的是常住型和私人定制化的乡村度假服务。

3. 旅游规划

长峪城村是流村镇沟域百里环廊的重要节点，区域旅游资源丰富，旅游度假产业的发展潜力巨大。村域及周边动植物资源丰富，如老峪沟村内有昌平第一高峰高楼岭，黄花坡是京西北地区独特的高原草甸，自然景观与人文景观优美迷人。规划从流村镇旅游环形的区域视角出发，通过游览路线、设施配套、功能错位及特色塑造整合区域旅游资源，打造上下游产业联动发展的旅游体系。借势流村镇重点开发与推介的契机，纳入百里环形走廊的整体发展，形成流村镇旅游大环线。

规划将申报中国最美休闲乡村、全国特色旅游名村作为长峪城村的发展目标，将长峪城村北部水库及周边自然资源优越区域打造为高级自然景区。本着严格保护村庄文化遗迹、不干扰村民生产生活的原则，结合长峪城的现有及潜在具有旅游价值的资源，通过构建四种特定主题游线的方式，将人文资源和自然资源融合。

村落游览线路：以传统民居、南北城堡、历史格局、传统文化、特色美食为展示内容，通过走街串巷，让游客感受古朴的传统风貌，体验从明清时期形成并沿用至今的传统村落生产生活体系。

休闲垂钓线路：以龙潭水库、露营场地为主要载体，展示长峪城村北部龙潭泉水库的优美风景，利用水库周边的空地组织露营活动，围绕水资源打造亲水旅游产品。

田园观光采摘线路：打造一批果蔬采摘基地，设计田园观光、果蔬采摘路线。

文化游览线路：整合龙潭泉水库、京冀分界碑、明代长城遗迹、南口战役遗址等文化资源，结合徒步登山路线的设计，使游客既能感受到登山运动的乐趣，又能亲眼看到丰富的文化遗产。

为提升旅游体验层次和丰富旅游产品，规划策划了长峪城村节气游、长峪城村文化游两种特色活动。节气游在立春、清明、夏至、冬至等传统节日期间进行，在旅游项目中介入传统节气活动，如游客在体验长峪城同时，品尝在该节气的节气美食。文化游使游客通过参与深度了解长峪城村，产品将从专业角度向游客介绍长峪城村的发展历史、重要事件、历史故事，并带游客参观文保单位、历史遗存，深入传统民居，让游客在认识一砖一瓦、一梁一柱的同时，聆听关于老房子的故事。

4.2.4　道路规划

1. 村域道路交通

村域道路交通分为村主干道、村次干道及登山步道，村域内存在多条断头道路，通过连接可连通的、等高线相对较低、建设成本较低的道路，形成一纵四环的道路网络。规划以黄长路为村主干道，红线宽度 20 米，路基宽度 8.5 米，路面宽度 7 米，两侧路肩宽度 0.75 米。为构建慢行体系，规划要求逐步完善村庄北部登山步道，有效提升长峪城村的生活品质和发展水平。长峪城进村道路是村庄对外展示的窗口，规划应逐步对道路及道路两侧景观进行改造，提升道路系统的景观性（图 4-2-10）。

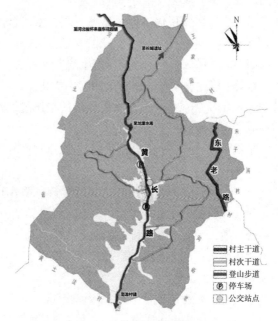

图 4-2-10　长峪城村域道路规划图

2. 村庄道路交通

长峪城的道路系统是整个村落历史风貌的有机组成部分，村庄内道路的铺砌方式和宽度与两旁建筑所营造的空间环境是整个村落保护的一部分，因此针对不同的街道相应有不同的整治模式。此外，其鱼骨形式的街巷更是村落保护的重要组成部分（图 4-2-11）。

路面传统风貌保存完整的街巷要以修缮为主，维持街巷尺度和两旁建筑的高度。

机动车道
步行车道
P 停车场
公交站

图 4-2-11　长峪城村庄道路规划图

路面传统铺砌残破不全的街巷，可根据当地的传统铺装工艺予以适当的改善与整治。

本次规划增加一条入户路，改造两条路，一条通往永兴寺，一条由特色旅馆通往老岳猪蹄宴。内部步行道路可满足一般村民机动化行车需求，并具备消防救援车行车和敷设市政管线的条件，因此村庄内尽端路设置 12 米 ×12 米的回车场。

3. 村庄交通设施

为提高村庄内部的交通承载能力，减少车辆对村庄内部交通的干扰，规划在村庄南部入口处增加生态停车场作为旅游停车和交通枢纽。同时，在村庄内设立多元交通换乘站，实现机动车、电瓶观光车、骑行自行车等多元化的交通形式，并提供景观通道提高步行的趣味性及便捷性。

4.2.5　公共服务设施规划

长峪城村共有户籍人口 376 人，村庄规模划分为中型村。根据村庄公共服务设施项目配置标准，中型村应配置小学、幼儿园、医务所、计

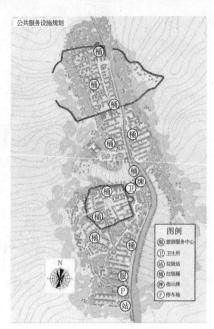

图 4-2-12　长峪城村公共服务设施规划

生指导站、公园或游园、小型超市、日杂用品店，根据实际需求可配置其他管理机构、村委会、青少年中心、老年中心、餐饮小吃店、理发、浴室、综合修理服务等。现村委会已满足使用需求，规划提出结合村委会设置卫生室、图书室和活动室，并针对现有活动场地进行改造，提升景观性和实用性。考虑到村庄内安排有校车，规划不再新建幼儿园和小学等教育设施。

为完善长峪城村发展旅游产业的基础条件，规划在保证各项生活服务设施合理配置的同时，新增旅游服务中心一座，并设置一处停车场以满足未来旅游发展的交通设施要求。长峪城村中有丰富的文化遗产，包括战争时期留下的遗物，以及村民生产生活的传统物件，因此规划提出将一处废弃房屋改造为陈列展览馆，收集各种承载文化内容的物件进行对外展示，并提供游客体验和参与农业活动的空间。规划结合永兴寺、关帝庙等公共建筑设置活动广场，盘活存量资源的同时，丰富了村民的活动空间（图 4-2-12）。

4.3　长峪城村公共空间改造

4.3.1　院落和建筑改造设计

规划构建村庄的院落评估体系，将闲置院落与保护院落元素叠加，甄选出 7 个传统院落（图 4-3-1、图 4-3-2），结合对产权主体的改造意愿调查，最终针对 62 号院和 133 号院进行改造设计。

图 4-3-1　长峪城村重点
院落设计位置示意图

图 4-3-2　长峪城村重点设计院落现状图

1. 院落设计：133 号

院落户主姓名罗长华，院落现状闲置，建筑质量较好，风貌评估为传统风貌。相对于村庄主要道路两侧的院落，城堡内院落私密性更好，适合更新为高端度假酒店，以庭院为单位，营造古朴宁静的古村落气息（图 4-3-3）。

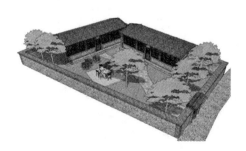

图 4-3-3　农家院改造效果图

规划将平面改造为适合发展高端度假酒店产业的居住单元，内部装饰以木色古朴为主，尽现传统家具古色古香的深厚内涵。通过整顿院落植物，尽量保留原有树木，重新种植各类景观灌木和花卉，打造良好的景观环境。院内铺碎石路，增加提供休憩的木质平台、座椅和阳伞等设施（图 4-3-4）。

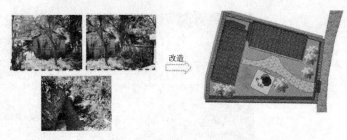

图 4-3-4　长峪城村 133 号院落景观改造图

院落的院门改造为木质木门，两侧建青砖山墙恢复当地墙垣式门的特色，门前安装壁灯和木质门牌（图 4-3-5）。将门窗改造为木包铝门窗恢复青砖立面，并采取大块石材作为填充墙的传统建造手法（图 4-3-6）。院墙转折处用青砖作支撑结构，大部分墙面用当地特色大块石材填充，恢复传统工艺和建筑特色。

图 4-3-5　长峪城村 133 号院落院墙改造图

图 4-3-6　长峪城村 133 号院落建筑立面修缮图

建筑应加固木架屋顶和立面支撑结构，刷原木色漆作防腐防水处理（图 4-3-7）。修缮屋面防水层和青色扣瓦，粉刷室内墙面，加灰色踢脚，提高室内居住环境的舒适性。建筑的保护以维持当地传统风貌为基本原则，加固原有结构，粉刷室内墙面，修缮屋面。

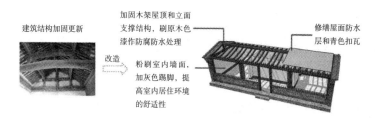

建筑结构加固更新

加固木架屋顶和立面支撑结构，刷原木色漆作防腐防水处理

改造

粉刷室内墙面，加灰色踢脚，提高室内居住环境的舒适性

修缮屋面防水层和青色扣瓦

图 4-3-7 长峪城村 133 号院落建筑结构修缮图

2. 院落设计：104 号

对长峪城村民居进行建筑功能优化提升设计，增加卫生间、洗浴设施、现代化生活设施等，提升建筑安全、居住舒适性等。一部分民居改造设计为农家乐,增加商铺、民宿等功能（图 4-3-8 ~ 图 4-3-10）。

图 4-3-8 长峪城村 104 号院落现状图

图 4-3-9 长峪城村 104 号院落改造效果图

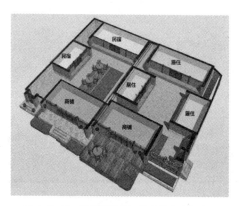

图 4-3-10 长峪城村 104 号院落改造户型图

4.3.2 街巷改造设计

街巷两侧民居的山墙采用硬山式，墙体采用"干摆到家"的做法，墙体从上到下全部干摆。外整内碎，可在碎砖墙外抹麻刀灰，做成混水墙。山墙由腿子、墙心、墀头组成。腿子多用干摆，墙心整砖干摆，碎砖抹麻刀灰。墀头戗檐做法效仿大门做法。如右图。后檐墙采用封护檐做法，把檐檩，梁头砌入墙内。屋脊采用清水脊做法，两端用花草砖装饰，砖的砌筑跨草和平草均可。外部围墙不采用卡子墙的做法，不增添过多的墙面装饰，对顶子进行装饰（图4-3-11、图4-3-12）。

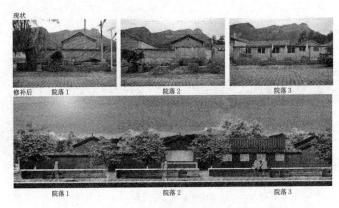

图4-3-11　长峪城村南部历史街巷织补效果示意图

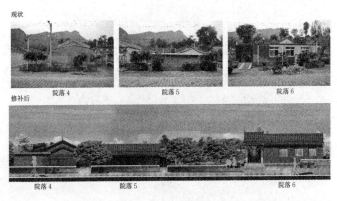

图4-3-12　长峪城村南部历史街巷织补效果示意图

4.3.3 河道改造设计

规划以保障防洪功能为前提，对河道进行了景观美化。沿河景观尽可能的保留并提升其防洪排涝的功能，亲水的柔性步道连接了河岸和村落的公共空间，并提供休闲锻炼的活动场地。东窑位于河道东侧，设计在保证沿河院落空间及街道肌理不变的前提下，恢复了乡村农舍式建筑风貌及沿河自然田园式景观。院墙及院门选用当地石材及做法样式，亲切朴实（图4-3-13～图4-3-16）。

图4-3-13 河道现状

图4-3-14 河道改造意向

图4-3-15 河道景观东窑界面现状

图4-3-16 河道景观东窑界面改造意向

4.3.4 节点设计：长峪六景

长峪城村落肌理的关键要素为长峪城古城堡，因此规划对长峪城村特色空间的塑造也围绕着古城堡布局。规划在长峪城村内选择重要空间进行嵌入式修补，包括重要建筑、公共建筑、公共空间等共计六处，同时结合景观织入，将其规划为长峪城村内六景图（图4-3-17）。

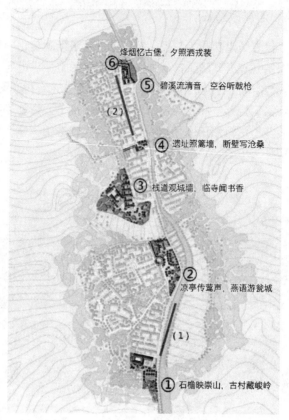

烽烟忆古堡，夕照洒戎装

⑥

⑤ 碧溪流清音，空谷听戟枪

（2）

④ 遗址照篱墙，断壁写沧桑

③ 栈道观城墙，临寺闻书香

②

凉亭传莺声，燕语游瓮城

（1）

① 石檐映崇山，古村藏峻岭

图 4-3-17　长峪城村村落肌理织补规划图

1. 石檐映崇山，古村藏峻岭

村口猪场片区改造设计，建筑面积共计 4200 平方米。

规划将村庄入口设计为怡人的小公园，丰富村庄入口休憩空间。将养殖场用地改造为高端接待，同时配套生态停车场作为附属设施，并结合亭子设置村庄入口标识，强化村庄入口的可识别性。墙面采用长峪城村特有的大块石材墙面肌理，便于就近取材建造，同时采用木质的中式门窗和村庄与青色小瓦屋顶，与当地的建筑特色风貌相协调。游人逐渐走入村庄，感受长峪城村的特色风土人情和地方风貌（图 4-3-18）。

图4-3-18 长峪城村村口养殖场现状与规划对比图

　　建筑结构采用当地的砖木结构，在屋顶形式、屋顶铺装、屋脊等重要建筑构件上均仿造长峪城村公共建筑的做法（图4-3-19）。养殖场内部铺装采用小青砖，在形式上与建筑风貌相协调。在小品的选择上，尽量采用仿古形式的家具、路灯、垃圾桶等（图4-3-20）。

图4-3-19 长峪城村村口养殖场建筑
结构示意图

图4-3-20 长峪城村村口养殖场内部
设计效果图

2. 凉亭传莺声，燕语游瓮城

　　村委会片区改造设计，建筑面积共计3919平方米。

　　规划设计改造村委会的建筑形式，以新城古城墙为背景，将村委会改造成具有长峪城地域性特色的三合院，并将影响新城古城墙视线的门前建筑（包括仓库、厕所等）拆除。美化村委会前开敞空间，将村委会面对的农田改造成游人休憩空间，增加游人的驻足场所。规划将村委会南侧农用地改造为停车场，并增加游憩园，供游人休憩（图 4-3-21）。

图 4-3-21　长峪城村村委会片区现状与规划对比图

村委会改造规划中，首先选择性增加了村委会的院门、影壁，使其符合长峪城村公共建筑的典型形态。在建筑构件中，改造了村委会建筑的屋顶形式，采用小青瓦的形式，使之与古瓮城的沧桑感相得益彰（图 4-3-22）。

将村委会周边农业用地置换为绿地及停车场用地，织入停车、休闲游憩功能，一方面展示古瓮城的古韵古色，另一方面也提高了村委会的接待功能。

3. 栈道观城墙，临寺闻书香

小学片区改造设计，建筑面积共计 6908 平方米。

规划对废弃的小学进行织补性更新，织入文化展示、高端酒店功能。营造文化氛围，融合永兴寺传统文化，将小学打造成集聚书香之地的永兴书院。将全村制高点规划为观景台，俯瞰全村景观（图4-3-23）。

图 4-3-22 长峪城村村委会改造效果图（来源：华通设计顾问工程有限公司）

图 4-3-23 长峪城村原小学片区现状与规划对比图

在小学的建筑改造上，采取仿造永兴寺建筑的建造形式，使得小学建筑群整体上与永兴寺融为一体，在风貌上相辅相成。对原有小学建筑进行局部保留，遵从布局脉络进行扩建，形成丰富的庭院。塑造观景平台的景观，种植景观树，增加景观亭、观景护栏等设施。其中新建建筑面积380平方米，修缮改造建筑面积480平方米。主要包括接待大堂，书苑，精品酒店（图4-3-24）。

图4-3-24　长峪城村原小学片区规划效果图
（来源：华通设计顾问工程有限公司）

4. 遗址照篱墙，断壁写沧桑

北瓮城南门片区改造设计，建筑面积共计456平方米。

此公共空间的主要问题是破损的院墙、现代化的广告牌、杂乱的电线对风貌的破坏，通过措施解决风貌问题。铺地统一使用透水砖，拆除影响传统风貌的现代化的广告牌，整理影响视线的电线；拆除废弃的院落，设计开敞空间，增加游人的驻足空间以及介绍瓮城历史的简介牌（图4-3-25）。

5. 碧溪流清音，空谷听戟枪

关帝庙片区改造设计，建筑面积共计1033平方米。

规划修复破损建筑，增加公共空间，引入坐具，水缸等景观小品，配置植物营造良好的空间景观（图4-3-26、图4-3-27）。

图4-3-25　长峪城村北瓮城南城门公共空间改造规划效果图
（来源：华通设计顾问工程有限公司）

图4-3-26　长峪城村关帝庙片区现状与规划对比图

图4-3-27　长峪城村关帝庙片区改造规划效果图

6. 烽烟忆古堡，夕照洒戎装

北瓮城北门片区改造设计，建筑面积共计 350 平方米。

长峪城旧城增加停车场，在景观设计中增加抗日元素，例如抗日纪念碑等，清除障碍物，修复城墙，并增加绿化景观小品（图4-3-28）。

图 4-3-28 长峪城村北瓮城北门片区规划效果图

4.4 专家寄语

4.4.1 传统村落民居风貌引导与控制研究——以北京市昌平区长峪城村为例

赵之枫、邱腾菲、云燕

摘要：传统村落是我国传统文化的重要组成部分，是"乡愁"的重要载体。在快速城镇化发展进程中，传统村落一方面承担着延续乡土文化的历史使命，另一方面也面临着城市扩张下传统特色逐渐消失的危险。传统村落中的民居营建面临前所未有的挑战。以北京市昌平区长峪城村为例，探究在传统村落保护和发展进程中对民居建设的引导与控制。针对当前传统村落发展中民居建设所面临的风貌不协调问题，提出与当代传统村落保护与发展相适应的民居风貌引导与控制方法，以满足既保持传统村落风貌又促进村庄的持续健康发展要求。

关键词：传统村落；风貌；引导与控制；长峪城村

1. 长峪城村民居现状特征及问题

在经济、文化快速发展的今天，传统村落作为历史的见证和文化传承的载体，面临着城市对传统风貌特色的影响与冲击。

城市功能区在小尺度层面的渐进性较弱，除旧城改造外，大多数以集中开发的大规模建设为主要操作模式，通过编制规划有计划地按时间段控制城市发展。乡村的村落营建则有很强的渐进性和随机性，以分散为特性。个体民居由村民自建，且先期建设的民居对整个村落其他民居有引导和示范作用。虽然随年代逐渐翻建维护，民居体现出不同的时代特色，但是整体遵循地方民居的共性，差异性与共性并存。民居营建中的这一特征，一方面使传统村落具有独特的个性，另一方面也给延续与发展村落的传统风貌增加了难度。

因此，对乡村地区村落和民居的营造应以引导与示范为主，而不是单纯的规划和控制。围绕村落民居特征提出传统村落民居建设引导与控制策略，以引导村落持续健康发展就显得尤为必要。

北京市昌平区流村镇长峪城村内历史建筑与风貌协调建筑（与古村落的传统风貌较协调的非传统建筑）共303座，风貌不协调建筑65座。近年来村内大兴土木村民自建房屋的情况从未停止，新建房屋与村落风貌不协调的情况普遍存在。在营建的7家农家乐也多为村民自建的现代建筑，与村落传统风貌不符。

1）村落民居现状特征

长峪城村是由两座古瓮城发展而成的古村，其中部分传统村落格局保存较好。地处峡谷间，北瓮城内地势平坦，沿排水渠旁主街上的院落排布整齐，院落大门朝东向。西侧街道成梳状，尽头由宅间路相连形成回路，形成较小的组团。南瓮城依山而建，越往西地势越高，建筑也渐成阶梯状分布，道路曲折起伏。

除此之外，长峪城村还保留有古城墙、永兴寺等多座历史文化建筑。永兴寺建于明清时期，位于村子中心位置，是村内众多寺庙中最大的一座，也是长峪城村内保存最完整的文物古迹，属区级文物单位。

村北的关帝庙与村南的菩萨庙也同样为区级文物单位。

古村中大部分民居依旧保留传统风貌，院落形式多为三合院，基本由正房、左右厢房组成，传统院墙使用当地石块垒砌，地面多以土地为主（图4-4-1）。传统村落民居中正房开间一般为3间或5间，均为单层，开间一般为3.3米，进深为5~7米居多。院落大都南北向布置，正房坐北朝南，一般集居住、餐厅和厨房为一体。东西厢房多被当作其他居住用房或仓储用房。一般在院落的西南角会有一间房当作卫生间。

单体建筑为抬梁式木架结构；青砖、红砖、土坯砌墙；门窗主要以木制门窗为主；窗棱整体风格比较统一，简单朴素；门多为较宽的井字格，长棱较多，有的在棱条间加人字、六字、十字花或短棱组成的杂花；屋顶采用小灰瓦，质地较轻，排水好，防水好；屋脊装饰精细（图4-4-2）。

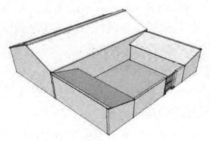

图4-4-1 长峪城村一般三合院式院落

图4-4-2 长峪城村风貌较好建筑

2）村落民居风貌现存问题

近年来随着长峪城村社会经济发展和人口结构变化，村民自发性的房屋新建和改建现象越来越普遍，并随之带来一系列问题。不少村民对自家的老旧房屋进行改建或拆除重建。但民居在整修或重建时缺乏相关导则的引导和控制，导致这些新建建筑与村落传统风貌不协调，破坏了村落整体的和谐，主要体现在以下方面。

在房屋翻新过程中，大部分村民未按传统合院形式进行重建。一些新建房屋用玻璃天窗将其内院整体密封，这种做法不仅破坏了传统民居的形式，而且在夏天极其闷热，导致宜居性下降（图4-4-3）。

村民在自建时按照自己的意愿将房屋改建为两层，破坏了村落的传统风貌（图4-4-4）。

图4-4-3　长峪城村搭建玻璃顶的民居院落　　　　图4-4-4　加盖二层的民居

部分房屋翻建不再使用抬梁式木构架结构，而是采用砖砌形式，由砖墙承重；也不再使用双坡屋顶，而是使用平屋顶，与传统村落风貌不协调（图4-4-5）。不少民居在翻建过程中使用水泥抹面以及瓷砖贴面，不仅建筑不美观，且与原有的风貌不协调（图4-4-6）。

图4-4-5　现代结构形式的新建民居　　　　图4-4-6　新建民居外墙采用瓷砖贴面

长峪城村在2010年进行过房屋保温处理，有很大一部分的建筑门窗在外层做了一层白色塑钢保温门窗，有些门窗仅单纯的加在外面，与墙面的结合处未处理，实际的保温效果并不好，且与原建筑风貌不协调。

长峪城村传统民居建筑屋顶为小灰瓦，墙面主要采用青砖以及石块垒砌，多为灰色和土坯色，门窗主要为原木色或刷清漆或木色漆。而在居民翻新自建的过程中，不少建筑屋顶已改为红瓦，墙面外贴瓷砖，多白色为底带花纹，门窗有些则被刷成蓝色，或者改为白色塑钢门窗（图4-4-7、图4-4-8）。

图4-4-7 外层添加白色塑钢保温门窗的民居　　图4-4-8 屋顶采用红瓦，门窗为白色塑钢门窗

2. 长峪城村民居建设引导与控制探索

针对传统村落在发展过程中出现的这些问题，对民居建设的引导与控制已是迫在眉睫。对传统村落风貌的引导与控制可从村落格局、街巷、院落和建筑单体四个层次展开。

1）村落格局引导与控制

长峪城村首先要保护其"背山面水，环山聚气"的村庄山水格局，严禁在村域范围内进行工程建设，注重山体的水土保持，保护山体的自然植被；注意保持水域环境的清洁，加强水岸的绿化与美化。其次要保护历史环境要素，严格保护古寺庙、古瓮城、古石碾、古树等历史要素的本体，避免破坏。要保护空间对景与景观视廊的通畅，利用点状控制和现状控制方法对遮挡空间对景和景观视廊的树木进行修建，清理视线范围内的不和谐景观。例如，防洪堤风格太过现代，与路面铺石不符；电线走向混乱，影响视线；广告牌等商业痕迹与传统风貌的不和谐等。

2）街巷引导与控制

长峪城村内主街为黄长路，贯穿整个村落，一直延伸到北部山脚下的长峪城抗战文化广场。此外在瓮城内外有三条次要街道。这四条

主要街巷通往村内重要的公共空间和历史要素。主要街道和次要街道
现为砖石路面，路面平整的予以保留，可增添绿化。村庄内巷道以碎
石路面为主，可整治为碎石板路面，模仿原本道路肌理，避免生硬拼
花和现代图案。

　　主要街道两侧建筑风貌对整条街道有直接的影响，在街道整治过
程中，应对沿街的院落及建筑进行整治，使其符合村落的整体风貌。
沿街风貌较好的建筑需要保护及修缮，风貌不协调的建筑需要改造
（图4-4-9）。

图4-4-9　长峪城村传统风貌图

　　街道整治中除了建筑形式方面的改造，还要注重建筑材料的颜
色使用，从传统建筑材料中提取适合北方的建筑立面色彩，用于街巷
沿街建筑的立面改造中，使街道界面具有特色又能融入当地传统风貌
（图4-4-10）。

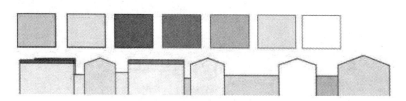

图4-4-10　长峪城村建筑材料颜色提取图

3）院落引导与控制

　　院落整治过程中，主要分为院墙、院门、地面铺装以及院内景观
四个方面的整治（表4-4-1）。

院落建设导则 表 4-4-1

类别	问题	具体措施	现状照片	现状照片
院墙	院墙为水泥砂浆胶结抹面、油漆饰面,但与当地特色毛石墙面风貌不符;秸秆树枝扎结的院墙,简单不够坚固	毛石、秸秆、树干自然资源丰富,就地取材与青砖结合作为院墙的主要材料,对于新建院墙尽量采取砖本色或青灰色为基调		
院门	铁制院门生硬的推拉到红砖墙体中,缺少乡村特色和韵味	将砖墙的铁院门改成传统的墙垣木门;毛石墙门可改成篱笆式或铁艺格栅门		
地面铺装	院落地坪形式多为水泥或泥土地面,不利于雨水渗入	宜采取砖石等乡土材料透水的传统铺砌方式		
院落景观	院落内部没有绿化,缺乏色彩与生机	结合院落内的菜园布置,种植花卉、果树,适当增加一些环境小品		

4)单体建筑引导与控制

单体建筑的引导与控制分为五类,即重点保护、复建、修缮、整治和翻建(表 4-4-2)。对文物古迹应采取重点保护和复建措施。对风貌协调的传统建筑以修缮为主，修缮建筑构件，恢复院落风貌和景观（表4-4-3）。对风貌不协调的非传统建筑以整治为主，对建筑屋顶、墙体、台阶、门窗及细部采取整治、改造等措施，使其与传统风貌相协调（表4-4-4）。对院落格局不完整和已坍塌的建筑采用翻建措施，建筑形式遵循当地传统形式，建筑尺度、选材等均应与传统风貌相协调，并提供菜单式选择（图4-4-11）。

建筑风貌引导与控制分类　　　　　　表 4-4-2

分类	特点	现状照片	具体措施
重点保护	文保单位（菩萨庙、桢王庙）		菩萨庙近年已修缮，后期应做好维护工作
			桢王庙整个建筑风貌和砖石结构保存较完整，需恢复修缮其外立面、门窗屋顶等部分建筑构件，并对构件做刷漆防腐处理
复建	损毁较严重无法恢复的文保单位（关帝庙）		关帝庙损毁较严重，可采用当地材料依样复建。测绘古庙记录数据。修建屋顶，以旧补旧，遵循卷棚式屋脊的制式，采用本地特色的小青瓦。沿用传统木结构，采用玻璃木门窗。粉刷墙体，设关帝像
修缮	风貌协调的传统建筑		修缮建筑屋顶、立面、山墙、门窗及装饰构件，改善内部设施
整治	风貌不协调的非传统建筑		对建筑屋顶、墙体、台阶、门窗及细部采取整治、改造等措施，使其与传统风貌相协调
翻建	院落格局不完整和已坍塌的建筑		建筑形式遵循当地传统形式，建筑尺度、选材等均应与传统风貌相协调，提供菜单式选择

风貌协调建筑建设导则　　　表 4-4-3

类别	导则	现状照片	修缮后照片
屋顶	年代久远的建筑需重铺防水材料并更换部分破损瓦片,应采用重瞳的青瓦,不得使用纯度高的红色或蓝色彩钢瓦		
门窗	对门窗刷清漆或更换,也可在原门窗外加新门窗—如古铜色塑钢窗、内嵌玻璃木格窗		
建筑构件	若建筑构件损坏腐朽,可刷清漆或当地土漆保护木结构		
建筑山墙	建筑山墙土坯脱落防风性差,可填补修复平整墙面后刷漆或水泥砂浆,在转角砌砖作为修饰		
建筑背立面墙	建筑背立面墙体修缮可填补修复平整墙面,加内保温后刷漆或水泥砂浆,在转角砌砖作为修饰		

风貌不协调建筑建设导则 表 4-4-4

类别	导则	现状照片	修缮后照片
屋顶	将平屋顶改造为坡屋顶并采用青瓦，红瓦可喷灰漆以保持村庄屋顶的传统色调		
墙体	将瓷砖贴面和白色涂料墙面恢复为以石材和青红砖为主		
基石台阶	基石部分可分为浆砌片石（水泥、石块）、毛石片墙或者毛石等，色调为灰色系		
建筑门窗	可刷木色漆或换位古铜色塑钢窗、内嵌玻璃木格窗棱		
建筑细部	应添加细部装饰，并运用传统工艺、传统材料和传统装饰题材		

屋顶:须采用坡屋顶,选灰色合瓦,不得采用琉璃瓦,不宜采用筒瓦和彩色压型钢板、石棉瓦等现代材料

大门:采用富有设计感的铁艺大门或屋宇式大门

屋脊:屋脊增加装饰和脊瑞

门窗:采用传统木格窗棱内装玻璃的形式,不得出现彩色玻璃;窗框为古铜色断桥塑钢窗,更换现有的白色塑钢窗

墙体:山墙为硬山的形态,屋檐下有线脚在外墙

照壁:在建筑入口处修建内照壁或外照壁,包括座、身、顶三部分

檐口:立面沿用木质结构和梁头、子桁、椽条、封檐板等构件

内隔墙:内墙采用木格棱玻璃门窗,保持其装饰性

图 4-4-11 翻建建筑菜单图

翻建建筑设计结合农村外墙保温的政策，采用长峪城村特色的外墙立面肌理，在保温层外部采用仿石仿砖压印工艺，使设计达到修旧如旧的效果，最大限度的还原当地风貌。

3. 结语

传统村落民居建设是改善农村生活条件，保护传统村落风貌的重要一环。传统村落的规划与建设大多不是以在白纸上绘制蓝图并集中建设的方式进行的，而是一个长期持续的过程。村落风貌是通过整个村落环境来实现的。个体建筑组合成院落，院落形成街巷，再组合成聚落。村落风貌就是在这样的渐进发展中形成。无论是村落中随意冒出的城市化不和谐建筑，还是过于统一的建筑样式，都会影响整个村落古朴自然的田园风情。同时，传统村落大多依托原型而发展。村民建房有很强的模仿性，第一家建成什么样式，后来的村民会参照建设。因此，示范、引导与控制尤为重要。不仅需要空间布局和立面设计的指导，更应注重建筑材料的选择、色彩的搭配以及传统技艺的传承。

针对传统村落中出现的风貌不协调问题，可借鉴设计导则的方式对传统村落风貌进行保护，以满足村民的日常基本需求为目标。首先，针对不同分区采取不同控制方法，核心保护区的风貌较为集中应采取刚性标准着重保护，建设控制区为风貌过渡区，独立性较强的要素可采取弹性控制，环境协调区的风貌主要以引导为主，鼓励以改善村民生活环境为标准的控制与引导。其次，从村落格局、街巷、院落和建筑单体几个层面分别进行引导和控制。对传统村落的格局形态进行刚性的引导与控制，明确自然格局的边线，提出环境保护的要求，对自然环境要素进行保护。对传统村落街巷等公共空间进行的引导与控制应遵循满足村民的日常需求以及宗教、信仰等特殊要求的原则。对传统村落内院落建筑进行引导与控制时，既要保护传统风貌，同时又要给发展留有空间，同时鼓励改善村民生活条件。在单体建筑引导和控制中，尊重村民住房对多功能性的需求，针对复建、修缮、整治、翻建等不同情况，对屋顶、山墙、建筑构件、门窗、色彩等提供菜单式的建设引导，同时对于具有延续特性的要素建议统一引导与控制，避免风貌的断裂。通过多方位多层次的引导和控制，推动传统村落风貌的延续与发扬。

赵之枫　北京工业大学建筑与城市规划学院　教授
邱腾菲　外交部机关及驻外机构服务中心　建筑师
云燕　北京市住宅建筑设计研究院有限公司　建筑师

4.4.2　长城戍边聚落保护与新农村规划建设——以昌平长峪城村庄规划为例

陈喆、张建

摘要：本文概括了北京周边长城戍边城堡村落的现状情况，以昌平长峪城村庄规划为例，阐述了新农村规划与古城堡保护的方式方法，指出新农村的方式方法对规划长城及古村落保护与更新建设具有重要意义。

关键词：古城堡；新农村；长峪城；规划；保护

明初以来，长期的外患危机对北京防务及明王朝的生存构成了严重的威胁，迫使明廷在长城沿线驻守重兵，并以"卫"、"所"、"寨"等不同规模的军事建制形成以军事为中心的人口聚居，进而演化出独特形态的聚落体系。清军入关后，长城及其周边的堡寨失去了军事价值，"军转民"的序幕也至此拉开，这种戍边军事聚落开始回归于普通聚落的自然发展演进历程中，由于有前朝的屯田历史，使得大多数堡寨在军事功能丧失后，没有沦为废墟，而演化为今天的村落。

北京地区的长城戍边聚落是整个长城聚落的有机组成部分，由于临近京畿地区，具有典型意义。但目前由于社会、经济、生态环境等因素，其传统特色正在快速消失，因此结合社会经济的发展，特别是新农村的规划建设对其进行有关保护规划与开发利用等方面的研究，具有现实的紧迫性和重要的实际意义。

1. 北京地区戍边聚落的保护现状

自明亡以来，经历了三百年的风风雨雨，许多城堡处于濒危状态。特别是20世纪80年代以来这些村庄的快速发展，没有文物保护意识的村民，将城砖扒下建房，墙中夯土填沟，如延庆地区的夯土砖墙城堡，正以惊人的速度快速消失。20世纪90年代以来，各个区县逐步将遗址保存较好的一些戍边城堡确立为保护单位，挂牌保护。但由于保护级别较低，保护资金、措施和力度不够，许多城堡与几百年前一样处于自生自灭的状态。

进入21世纪以来，随着京郊旅游的火热，许多堡寨村落为了尽快致富，对传统资源盲目开发，随意整治，导致不少古城堡被"善意"地破坏。

自2005年北京地区社会主义新农村建设启动以来，北京农村的整治与更新速度加快。2007年北京市投入7个亿用于新农村规划建设，已有小部分长城沿线的堡寨村落被划为规划整治范围。从规划建设的效果来看，由于专业人员的介入，村庄中的多数历史遗迹得到重视，为有效保护提供了条件。

北京地区长城戍边城堡村落多位于深山区，近几年，这些村落的人口增长趋势正逐渐放缓，同时许多村民为脱贫致富纷纷赴北京城区及周边城市务工，不少人在城中生活，村中常住人口下降，农事及建设规模也趋于平缓。从客观上对城堡村落中历史遗迹破坏有减缓的趋势。而一些城堡保存完好的地方，均已开展起不同内容的民俗旅游，取得了较好的经济效益。如密云的遥桥峪是一座保存相当完好的堡寨，每逢周末和节假日有许多人来此度假。城堡中民居全部用于接待旅游者，村民对为其带来财富的城堡建筑倍加爱护。同时这些堡寨村落的成功，对周边堡寨的村民也有很大地促进作用，如距遥桥峪仅一公里的吉家营，历史上是一座比遥桥峪大许多的堡寨，但由于破坏较严重，所以在发展旅游上一直没有太大起色，当地村民对遥桥峪羡慕不已，同时也自发地对现有城堡遗址进行保护。

不论是新农村建设，还是旅游开发均为长城城堡的保护提供了很好的机遇，同时也提出了挑战。如何抓住机遇迎接挑战，将是未来这些城堡保护的主要工作。

2. 昌平长峪城村庄规划实践

1）村庄发展优势与机遇

长峪城拥有丰富的自然环境资源。据北京市区3小时车程，远离城市喧嚣，自然景色优美。村域内山峦迭起，植被丰富，环境优美，乡风纯朴。非常适宜发展果树种植采摘，春季满山的杏花，可以赏花；秋季遍野的海棠树、枣树，可以采摘。夏季山中凉爽宜人，可避暑，可垂钓。古堡长峪城依山而建，山村特点鲜明，山景秀丽，村庄宁静优美，生态环境较好。村中古树参天，原生态的乡土风貌保存良好。

长峪城独特的自然地理位置和历史文化遗迹决定了以发展旅游业为主导产业，这就为村庄第三产业发展带来了条件。利用自己得天独厚的山水地理优势，创出品牌，打出特色，将对村庄经济起到主要的带动作用。村庄拥有相当数量的各种果树，可为来此旅游的游客提供当地的采摘果品，一产和三产相结合，增加一产的收入，有利于村庄的发展。

村内有3座古庙，而且有残留的古城墙，是长峪城的特色之一，充分利用这些既有资源可以充分发展旅游业，并可以此带动本地商业、餐饮业的发展。村庄接待民俗旅游的基础正在完善，5户市级民俗户已审批挂牌，自然资源为旅游业及第三产业的发展提供了条件。

长峪城的民俗文化十分丰富。长峪城梆子，在永乐年间之前就已形成，远近闻名。每年春节是当地百姓重要文化娱乐活动的时间。长峪城元宵灯会是北京地区独特的传统文化，历史悠久，逛长峪城元宵灯会历来都是昌平西北部人们春节期间参加的一大盛事，是昌平、门头沟、怀来两区一县交界处的重要活动。这些非物质文化遗产为发展本地旅游业提供了非常大的空间。

2）村庄发展劣势与挑战

古城堡及其相关历史遗址自然损毁比较严重，具有代表性的老民宅年久失修，历史遗迹的保护与村庄发展及村民生活存在着一定矛盾，在村庄建设上缺少专业人员参与指导。历史文化等独特资源利用开发方法不得当，缺乏知名度和特色项目，且缺乏与旅游及第三产业相配套的娱乐设施和服务设施，民俗接待户数量较少。以果树种植为主的产业不具规模，有产量无销量，产业链不完善。

村庄基础设施发展滞后，公共厕所还未进行改造，地下排水管道目前仍然是雨污合流，除了主要道路之外，其他大部分道路还未硬化。村庄缺乏基本的配套公共设施，如医疗站、文化站等。此外，村庄产业发展目标不明确，缺乏发展现代都市农业以及旅游业所需的技术人才，缺乏发展经济的动力。

3）村庄定位与规划

以长峪城村原生自然生态资源和丰厚的历史文化遗产为依托，大力发展古堡戍边文化体验旅游、山地休闲、民俗接待以及休闲观光农业，把长峪城建设成为北京远郊区知名的民俗旅游村。实现历史村落保护与产业经济发展同步，促进农民生活水平不断提高。

编制保护规划，划定以古村落为核心的保护和建控区域，依法保护。提升长峪城遗址文保单位的级别，积极推动纳入长城世界文化遗产保护范围的工作，为古村落保护提供社会、经济支持。在专业人员指导下，对濒危遗址采取抢救性保护措施。相关保护规划和措施尽可能从经济上、生态上和农民的生产生活上综合考虑，为长城戍边堡寨保护的可持续发展提供条件。

优化提升第一产业，在保持现有的农业发展水平上，根据村庄自身条件，优化产品种类，挖掘产品特色，辅助村中第三产业的发展。发掘土地潜力，提高农产品产出率，大力发展科技型农业，通过嫁接等手段提高现有果品的质量。

大力发展第三产业，充分利用地区优势，以古堡及自然资源为依托，结合世界文化遗产长城这一巨大品牌效应，大力开展旅游业，并努力创新，开辟新的旅游市场，从而带动商业、餐饮、客运交通等旅游相关行业的发展，使之成为村庄的支柱产业。通过规划方案的逐步实施，增加长峪城在旅游业内的知名度，以达到吸引游客的目的。从而解决村内部人口就业问题，增加村民收入。

3. 结论

古城堡保护与新农村建设完全可相辅相成，互为支撑，达到双赢，特别是在同一地区自然景观相近的地区，文物古迹往往会成为村庄特色的主要标志，而这又恰恰会成为旅游业竞争的获胜法宝。

当古迹成为村民致富的资源时，文物保护意识自然会很快提升，只要有合理的规划、有专业人员的指导，村落中的古迹保护就会得到可持续发展。

在世界文化遗产——长城周边这种环境敏感地区新农村的规划建设中，采取什么样的策略与方法对农村更新效果与周边环境保护至关重要，所以新农村规划的方式方法对长城及古村落的保护与更新建设具有重要意义。

陈喆　北京工业大学建筑与城市规划学院　教授
张建　北京工业大学建筑与城市规划学院　教授

附录

附录一：长峪城村新中国成立后历任村党支部书记名单

姓名	性别	出生年月	任职时间
王福珍	男	汉	1949 年 ~ 1959 年
刘长浦	男	汉	1960 年 ~ 1964 年
李文元	男	汉	1965 年 ~ 1969 年
沈长华	男	汉	1970 年 ~ 1971 年
李桂斌	男	汉	1972 年 ~ 1976 年
陈全国	男	汉	1977 年 ~ 1978 年
刘福义	男	汉	1979 年 ~ 1980 年
李桂斌	男	汉	1981 年 ~ 1982 年
张德俊	男	汉	1983 年 ~ 1984 年
孔祥林	男	汉	1985 年 ~ 1986 年
李春久	男	汉	1987 年 ~ 1988 年
张文芝	女	汉	1989 年 ~ 1997 年
刘振国	男	汉	1997 年 ~ 2002 年
陈全刚	男	汉	2002 年至今

附录二：长峪城戏班历任班主名单

姓名	性别	出生年月	任职时间
左文奎	男	1872 年～1942 年	1892 年～1907 年
孔宪云	男	1887 年～1954 年	1909 年～1922 年
罗长奎	男	1904 年～1977 年	1923 年～1953 年
孔凡俊	男	1920 年～1986 年	1954 年～1956 年
罗贵斌	男	1926 年～1991 年	1957 年～1967 年
沈长富	男	1927 年～1992 年	1968 年～1988 年
王全福	男	1933 年至今	1989 年～1995 年
罗世民	男	1949 年至今	2005 年～2008 年
孔繁利	男	1953 年至今	2008 年～2010 年
孔祥林	男	1950 年至今	2010 年～2012 年
张文芝	女	1949 年至今	2012 年～2016 年
邱震宇	男	1979 年至今	2016 年至今

附录三：明·王士翘《西关志》关于长峪城的记载

居庸图论

居庸两山壁立，岩险闻于今古，盖指关而言。愚谓居庸之险不在关城，而在八达岭。是岭，关山最高者，凭高以拒下，其险在我，失此不能守，是无关矣。逾岭数百步即岔道堡，实关北藩篱。守岔道，所以守八达岭，八达岭所以守关也。由八达岭南下关城真所谓降若趋井者。关北门外即阅武场。登场而望。举城中无遁物，虚实易觇，况往来通衢，道路日辟，虽并车可驰，故曰：险不在关城也。关东灰岭等诸隘，外接黄花镇，内环陵寝，更为重地，经画犹或未详。关西白羊口，号称要害。城西门外去山不十丈，而山高于城内数倍，冈坡平漫，可容万骑，虏若据山，则我师不敢登城。拓城以跨山，今之急务也。长峪、横岭，近通怀来，均之可虑，而横岭尤孤悬外界，山高泉涸，军士苦之。镇边城虽云腹里，亦喉舌地。川原平旷，无险阻之固，雨霪溪涨，潦没频仍，越此而南即长驱莫遏矣。是故镇边城之当守，其形难察也，此固一关险夷，然去京师成仅百余里耳。门户之险，甚于潼、剑。设大将、屯重兵，未雨徽桑之谋，岂可一日不讲哉。

西关志居庸关卷一·关隘

白羊口隘口一十处，守备一员统之。兼制长峪、横岭、镇边三城。
……

长峪城隘口一十六处，把总一员统之。

长峪城东北至居庸关一百里，隆庆卫地方，怀来界。外口紧要。柞子沟口东北至关一百二十里，隆庆卫地方，怀来界。里口稍缓。上常峪口东北至关一百二十里，隆庆卫地方，怀来界。里口稍缓。幡杆峪口东北至关一百二十五里，隆庆卫地方，怀来界。里口稍缓。立石东北至关一百五里，隆庆卫地方，怀来界。外口紧要。栢峪口东北至关四十五里，隆庆卫地方，昌平界。里口稍缓。双石口东北至关四十五里，隆庆卫地方，怀来界。里口稍缓。水峪台口东北至关四十六里，隆庆卫地方，昌平界。里口稍缓。胜仙峪口东北至关四十八里，隆庆卫地方，昌平界。里口稍缓。大水峪口东北至关五十里，隆庆卫地方，昌平界。里口稍缓。小水峪口东北至关五十二里，隆庆卫地方，昌平界。里口稍缓。石洞口东北至关五十里，隆庆卫地方，昌平界。里口稍缓。跳稍口东北至关五十六里，隆庆卫地方，昌平界。里口稍缓。水涧口东北至关六十里，隆庆卫地方，昌平界。里口稍缓。鳌鱼口东北至关六十五里，隆庆卫地方，昌平界。里口稍缓。溜石港口东北至关六十六里，隆庆卫地方，昌平界。里口稍缓。

西关志居庸关卷一·城池

长峪城正德十五年创立。堡城一座，东西跨山。其城上盘两山，下据两山之冲，为堡城。高一丈八尺，周围三百五十四丈。城门二座，水门二空，敌室二座，角楼二座，城铺十间，边城四道，护城墩六座。

长峪城东北至居庸关一百里，隆庆卫地方，怀来界。外口紧要。柞子沟口正城一道。上常峪口正城一道，水门一空。幡杆峪口正城一道，水门一空。立石口正城一道，水门一空。栢峪口正城一道，水门三空，闸楼二间，过门二空。双石口正城一道，水门一空。水峪台口正城一道，水门一空。胜仙峪口正城一道，水门一空。大水峪口正城一道，水门一空。小水峪口正城一道，水门一空。石洞口正城一道，水门一空。跳稍口正城一道。水涧口正城一道，水门一空。鳌鱼口正城一道，水门一空。溜石港口正城一道，水门一空。

西关志居庸关卷二·军马

长峪城军四百四十五名：马军二十名，步军一百三十名，鼓手四十八名，夜不收军四十一名，杂差军五十名，砖窑军十二名，斗级军七名，神机库一名，老弱幼小八十二名，幡杆峪口军八名，幡杆峪口军一名，立石口军二十三名，栢峪口军一十八名，可乐驼墩夜不收军四名，水峪台口军六名，胜仙峪口军七名，大水峪口军十九名，小水峪口军八名，石洞口军九名，跳稍口军十四名，水涧口军三十名，鳌鱼口军七名，溜石港口军五名。

西关志居庸关卷二·墩台

长峪城。本城西山墩僻静。离关一百里。夜不收十名。本城东山墩僻静。离关一百里。夜不收十名。分水岭墩冲要。离关八十五里。夜不收十名。二架砲墩冲要。离关七十五里。夜不收十名。

西关志居庸关卷三·仓场

长峪城仓场一所在城内东山坡。

西关志居庸关卷三·草场

长峪城草场在本关南门外西山坡。

西关志居庸关卷三·库房

长峪城军器无库在城楼收贮。

西关志居庸关卷三·教场

长峪城教场在本城南门外演武厅三间。

西关志居庸关卷三·岁用

长峪城把总纸劄银六两。操管官纸劄银三两六钱。教书生员银八两四钱。

西关志居庸关卷三·公廨

长峪城察院一所。把总官公廨一所。管操官公廨一所。

西关志居庸关卷三·学校

长峪城社学一所。……每所请卫学生员一人训蒙，月各给银有差，各拨军二名看守。

西关志居庸关卷四·祠庙

长峪城城隍庙 关王庙 玄帝庙 娘娘庙

西关志居庸关卷六·章疏

处置边关重要地方疏（正德十一年六月）

巡按直隶监察御史臣屠侨谨题：为处置边关重要地方事。

近该臣巡历各关。据分守居庸关等处指挥同知孙玺禀称，本关东路撞道口、西水峪口离关城往返二百三十余里，有警传报策应两离。切近黄花镇不过三五里之隔。议欲乞处将二口归并本镇，听从彼处呈行上司拨军防守，将旧军掣回原位。又距白羊口堡守备指挥丘泰禀称，本堡西北外临怀来等处地方，所据沿边横岭、上常峪二口正紧要通行处所。见在军官，横岭五十员名，上常峪二十余员名，无事亦见事轻，有事实难防守。乞要添处备御官军等因。各禀到臣。看得居庸关东路撞道、西水峪二口先该臣曾亲经按视。各口地里相邻，内外山势险恶卒急，人马难行。又经于二口中间，地名石湖峪，新设城墙一带，敌台二座，增筑城堡一所，若□足为凭据矣。今该分守官孙玺禀议前来，其归并掣军之说以为纷扰，不可易行，惟应照旧增军防御。合无著令本官，将隆庆卫守城、杂差等项军人数内，每口各与选添二十名，其新设墩城军人量为拨补，俱就往住守。但其地系干祖宗陵寝藩篱，委之守口千户一员带管，不无太为泛署。即须责委本路管总指挥常川在彼住劄，精严号令，提督一路。然既与黄花镇切邻，则均为拱卫重地，有事仍要彼此相为应援，不许即分尔西我东，坐视误事。其本关西路白羊口堡所属上常峪与横岭二口臣亦尝亲勘，固皆为临边隘口。然上常峪山隘屏蔽稍促，而横岭外通怀来漫野，尤为总括要路。虽其城垒坚完，所嫌兵力寡薄，诚有如守备丘泰所虑者。且地方宽广，可容兵众屯驻，相应增置官军常住备御。但本关军士出之隆庆卫者有限而无多余，本堡虽有一所官军自有本地方操备差占，近亦多名存而实亡矣。欲计于腹里卫分调取，则又地里穷远，事势生难，不堪轻处。而边方要务亦岂堪闻言而不究其成耶！查得隆庆卫杂差项内，榆林驿甲军三百八十九名，土木驿甲军二百七十一名。即近经臣到彼逐一点视，数皆确实。彼其地方虽有冲要走递之名，实少百十冗差之日，坐糜粮饷，相率空闲。且余丁生齿日繁，不患用有不给。可于二驿量取一百名。又各该地里与横岭等处想去不远，移置甚易。及审在卫各军余丁有情愿以身易食者，与以一军粮饷可得五六十名。并其旧在口者，共得军二百有零。就于内分添上常峪口二十名或三十名，仍各官为修建营房，查昼以本口无碍地土住种。人情宜无不堪，不久自亦乐业。另选本卫廉干指挥一员，委以长川备御，责令横岭驻扎，总管二口。院设守口千户如故。有无生息缓急，仍俱听白羊口守备官约束。如此：计处东西，庶为有备。如蒙皇上深惟边计，府察愚言，乞敕该部查议，相应准行增处。不以刍荛之见等。

于汛常，委之侵格，则地方幸甚，地方幸甚！

添设墩堡疏(正德十六年八月 日)

巡按直隶监察御史臣孙元谨题：为添设墩堡事。

奉都察院勘合札付，前事准兵部咨。该本部题，职方清吏司案呈，奉本部送兵科抄出，经略东西二路边关都察院左副都。御史李瓒题，准兵部咨。奉钦依议得，居庸关东西二路外通宣府、怀来等处，最为紧要。今欲立墩堡，拨军防守，必须专差大臣一员，亲诣地方勘处等因。题奉武宗皇帝圣旨：着李瓒去居庸、山海关东西二路直抵京师并北直隶，有空缺宽远地方添设墩堡，写敕与他。钦此。钦遵。臣领敕前到居庸关，督同分守、守备等官亲诣前项地方，勘得本关西路高崖口，内通横岭，地名灰岭，上常峪，外接怀来，所辖隘口共一十二处，平川旷野，万马可容，曾经达贼往来出没，正系空缺宽远地方，应该添设堡城，可以抗扼虏患。其合用钱粮、铁料、做工军人口粮等项，节该题奉钦依，臣当调集本关所属军士与同京营旗军行委指挥、通判等官李时节等四十八员管领兴工。灰岭城用过夫役二十八万五千四百四十工。支过口粮二千五百七十一石二斗五升。修完堡城一座，周围六百八十丈，高一丈八尺，阔一丈六尺，垛口俱全。穿完井四眼，深各一十八丈。起盖过城楼、铺舍、营房共四百三十一间。上常峪城用过夫役一十一万一千五百六十工。支过口粮一千六百七十二石四斗。修完城堡一座，周围三百八十丈，高一丈八尺，阔一丈六尺，垛口俱全。穿完井二眼，深各五丈五尺。起盖过城楼、铺舍、营房共一百三十七间。护城堡两座。将灰岭口所筑城名为镇边城，上常峪所筑城名为上常峪城。及查居庸关中、东、西三路各有官军防守，中东二路仍旧，其西路除白羊、横岭二口官军不动外，高崖等二十七口官军尽数挈入上常峪城。如或不足，就于本关拨补。灰岭城防守官军无从摘拨，有情愿投当者陆续召募，收充军役。食粮仍各给与子粒、牛具、银五两、营房一间。仍于直隶隆庆卫中千户所摘拨。千、百户前来，名为隆庆卫守御中千户所。合用印信、官吏照例定夺。再行刑部、都察院等衙门，但有充军人犯，俱编发灰岭城充军。及将守备指挥王驻移在灰岭城驻扎，管领本堡并白羊口、上常峪堡及高崖等二十七口。官军照旧守备内白羊口、上常峪二堡。将隆庆卫指挥同知王堂、佥事张奇，把总各统领本处官军。该卫中千户所副千户张翼委掌守御中千户所印信，王堂、张奇各给与札付一道，与王驻俱在各口驻扎，仍听居庸关内外分守官节制。又差知县等官关祺等踏勘过高崖等口空闲山地共一百七十余顷，将前地土分派灰岭、上常峪二堡并横岭口军人，每名拨与三十亩耕种。其守备、指挥、千、百户等官亦各量拨养廉，合用盔甲什物并神枪、铳炮，乞敕工部查给。又查得居庸关三路军人每名每月行粮里口四斗，外口三斗，相应查革，以为新收军人月粮之用。前项召军银两，就于修边余剩银内支给。一应事宜，行巡关御史查照督理，禁革奸弊，事完之日，具奏查考等因。奏奉武宗皇帝圣旨：该部看了来说。钦此。钦遵。抄出送司。案呈到部。看得都御史李瓒修筑城堡已完，议处停当，伏乞圣裁，定立灰岭口并上常峪二处城名，候命下之日，将前项议奏事宜，悉依所拟施行。惟设立守御千户所，要将千户张翼掌印一节，本部查有潮河川千户所事例，另于京卫相应官内推奏铨注。再照先年差官修边工完，多蒙升俸给赏。今都御史李瓒修完堡城二座，营房五百六十余间，穿井六眼，区画有方，工成费省，近京关口足资保障，劳迹可录。再行巡关御史，将本官修过工程，行过事迹逐一阅视具奏，本部查例奏请应否升俸给赏,取自上裁等因。题奉圣旨:是二处城名并议奏事宜都依拟行。钦此。钦遵。移咨备札到臣。臣奉命巡关,各关边隘俱当巡历。灰岭、上常峪二处内通横岭,外接怀来,实为紧要。都御史李瓒深知边务,议建堡城,区画精详,经理周密,财不多费而事有成,军不久劳而工就绪。设官皆仍旧额,不至大有更张;募军即减行粮,未尝浪为支给。法多稳便,事甚调停。内以保障军民,外以御防虏患,一劳久逸,暂费永宁。且远涉边关,久阅寒暑,可谓尽心边事、不负简命者也。臣奉前因遵依,到于居庸关,亲诣镇边城、上常峪城二处阅视,得都御史李瓒修过城堡、营房、穿井工程及召军给地等项事宜委的完固周详,事堪经久,劳实可录。乞敕该部查议,将都御史李瓒或升以俸级,或加以赐赏,则尽心边事者亦有所劝矣。

比例设所排粮以壮关隘疏（嘉靖七年七月 日）

巡按直隶监察御史臣胡效才谨题:为比例设所排粮以壮关隘事。

据分守居庸关等处署指挥佥事郭昶呈,该臣批呈,前事依蒙勘,议得镇边城有粮无仓,长峪城无所无仓,官军俸粮俱在昌平州居庸仓关领,委俱险远,下情艰苦,相应俯从传达,设所派粮缘由到臣。据此案照先据守备白羊口堡以都指挥体统行事指挥使薛昂呈,据镇边城把总指挥欧网呈,本城虽有仓廒一所,原无坐派民粮。旗军月支本色俱赴居庸仓关领,往返山行二百余里,若再守候便的数日。关米一石,除盘缠脚价外,所剩不上六、七斗,非惟不沾实恩,抑且久空城池。乞为转达,比照紫荆关、大龙门口、倒马关、插箭岭等处事例,每岁坐派民粮二、三千石或召商籴买、发仓收贮等因。及据长峪城把总指挥赵~呈,本城亦系新建,至今未蒙设立所分官吏,又无印信、仓廒。旗军月支本色,亦赴昌平州居庸关仓关领,往回险远劳费,十分不便。乞为转达,比照镇边城设所铸印、选官拨吏、坐派仓粮、抚恤军士,尤所仗赖等因。备由开呈到臣。缘系创行重大事理,已经批行本官勘议,详报去后。今据前因,臣惟强兵必资与足食,网举尤贵于目张。镇边、长峪俱系居庸关白羊口第一要害重地,先年虏贼犯顺,往来必经于此。正德十四年,该经略李督察御史奏请建筑二城,召募军士,多寡不等；而又专设把总指挥一员，以提调之。规模大较亦即洪且远矣。后缘本官升任太速，地方幸无他虞，前项设所派粮诸事上下因循。至于今日，或略而付之不问，或议而未究施行，臣愚以为有军而不派粮、使其扶携老幼，终年仰给于险危数百里之外，平时既已人情嗟怨，万一边围有警，不知欲令此辈顾守城以掣寇乎，将委城以关粮乎？苟无积蓄，是弃封疆，此其不可不深长虑者也。有军而不设所，往往不免移委隔别卫所官员以羁縻之，官无专任，军无常主，统纪不严而人心涣散，正使腹里富庶之邦犹将不能久而无变，而况于苦寒绝塞之外乎！地利不如人和，此尤不可不深长虑者也。所据各官呈要设所排粮一节，委俱前人经略之所未备，今日当务之所最急；况查有例，以应俯从速处，以壮关隘。如蒙敕下兵部，详议准行，合无将长峪城新设所分请名为长峪城守御千户所，量于临近卫所改调空闲厅、公廨、监房、仓库，悉仿镇边城守御千户所规模间数。派拨人工物料，选委管工头目等项，俱许臣督行改关分守、守备等官从长计议而行。遇有动支钱粮，就于臣见在有行账赃罚随宜取用。敢有指倚科派、侵渔冒破者访实擎问，参究治罪。一面咨行礼部，铸造长峪城守御千户所印一颗，听候奏请关给；一面咨询户部，会计每岁坐派长峪、镇边二城民粮各二、三千石，以准官军月支俸粮及有警接济之用。此外合用吏典斗级人役，仍行臣会同巡按御史通行军卫有司照理施行。如此则仓廪既实而武备可以渐修，综理益详而人心翕然称便矣。

大虏压境计处防御疏（嘉靖十二年七月 日）

巡按直隶监察御史臣方一桂谨题：大虏压境计处防御事。

行据分守居庸关等处署都指挥佥事张翼呈查，议得本关城该用佛朗机铳一十副；所辖紧要城堡口隘共一十四处，八达岭门该用佛朗机铳五副，东路德胜、锥石、西水峪等口该用佛朗机铳共六副，中路两河、苏林、汤峪、石峡峪、河合等口该用佛朗机铳共一十二副，口外榆林、土木等驿该用佛朗机铳共一十二副，白羊口堡该用佛朗机铳一十副，镇边城该用佛朗机铳一十副，长峪城该用佛朗机铳一十副，通共该用铳七十三副。又据整饬易州等处兵备山西按察司副使徐景嵩呈称，该巡抚保定等府地方兼提督紫荆等关都察院右佥都御史许宗鲁据守备茂镇李泰等呈报，佛朗机铳数目已经具题，该工部覆奉，奉钦依准给紫荆、倒马等关佛朗机铳共一百二十二副讫，各备查数目缘由，呈报到臣。据此，案照先奉都察院劄付，为事前，准兵部咨。职方清吏司案呈，奉本部送兵科抄出太子保吏部尚书汪铉等奏内开，先任广东副使夺获佛朗机铳，藉以剿灭山海之寇，屡有微效，乞敕该部，如式打造前铳，给发各边，严守墩堡，则虏寇难众，自不能入。仍乞敕兵部，行各边相勘墩堡铳器有无完全足用，具由奏报，务使缺则补完之，少则增给之等因。奉圣旨：是。览奏具见卿等体国防边至意。各边墩堡车铳，兵部行抚按官查勘，具奏补给。钦此。钦遵。备劄到臣。臣即备行按属居庸、紫荆、倒马等关各分守、守备官查报去后，今据前因，为照佛朗机铳自古所无，由尚书汪铉先年持宪广东而始夺获，传于中国，以履献圣明，轮效边塞。臣近巡历边关，询访将弁武卒，佥谓此铳御敌制胜，势莫敢撄，用得其法，峰屯蝶聚之虏可一击而溃，诚为兵之至要，在关塞城堡尤不可缺者也。所据紫荆、倒马二关该巡抚都御史许宗鲁已行题准给领，不敢烦渎再请外，惟居庸关所辖城堡、口隘外连宣、大，内拱京畿，实为要害之地。寻常器械率皆整饬，独缺前铳耳。臣又闻此铳之为力甚大，然或铸造不如法，失其制度，则亦无所慵其功焉。伏望皇上敕下该部，将前项佛朗机铳委官监督，如法铸造，照彼居庸关分守官呈报数目，通行降给发领，分布防御，庶边塞有赖而虏患无虞矣。

分调京军以固边关疏（嘉靖二十年八月 日）

巡按直隶监察御史臣萧祥曜题：分调京军以固边关事。

该兵部题。为十分紧急声息事。奉圣旨：是。这虏众经趋西南，定犯山西地方，依拟行保定副总兵周徹，带领所部人马前往紫荆、倒马等关防御、带剿。粮、料、军器、赏赐等项照京营出征例，着都御史刘隅径自处给，不许迟悞。仍将原选京营人马摘拨三千员名，着参将任凤统领前去，会同周徹一体防御，俱听总督官节制。其余依拟行。这边情紧急，还着京营内外提督官将团营人马用心操练，比常十分加谨，务要精锐锋利，以备调用，不许虚应故事。钦此。钦遵。缘臣奉明巡视居庸、紫荆、倒马等关，当亲历险要。窃按居庸所辖白羊、镇边、长峪以达横岭，西通土木、怀来之地，南距紫荆、沿河等口仅三十里所，中多蹊间，可容来往。往年紫荆失守，寇由为此归路，则为虏情所谙熟明矣。今虽设有官军防守，顾多召募，实鲜精锐，无足恃者，不可不为之虑也。况紫荆、倒马等关旧有防秋余丁矣，其真、神、保定诸卫足以为止应援，其附近府、州、县壮丁足以驱之战伐。而居庸以逮横岭，数者无一赖焉。兵法曰：攻其无备，出其不意，可不慎哉！臣愚伏乞皇上轸念三关均为重屏，见发去官军三千员名，内将一千员名分布居庸、横岭等处，一体防御。其粮、料、军器、赏赐等项，行令顺天巡抚都御史处置，庶几事体周匝，声势联属，不至顾此失彼。仍乞天语叮咛差去统领官员，务要严加禁约，无俾扰害地方；如有纵容，约束欠严，听臣等指实参究。庶几军令严肃。边关巩固，宗社幸甚，愚臣幸甚。臣无任瞻天，恳切祈望之至。

边情紧急乞添设将官查处隘口以御戎虏疏（嘉靖二十一年二月 日）

巡按直隶监察御史臣桂荣谨题：为边情紧急乞添设将官查处隘口以御戎虏事。

奉都察院勘劄，先该巡抚保定督察御史刘隅并臣会题，见得去岁达贼一犯广昌，今岁两犯山西，要将紫荆关添设参将，其浮图峪、倒马关俱听节制等因。题奉圣旨：该部知道。钦此。钦遵。续该兵部查议内一节，合无备行顺天都御史徐嵩、巡按御史段承恩、巡关御史桂荣，将白羊、镇边、长峪等城或应处添设兵马，或应改设将领，从长会议停当、具奏定夺等因覆题。奉圣旨：是。紫荆关参将依拟添设。白羊口等处防御事宜便着该抚按官并巡御史会议奏来。钦此。钦遵。已经会同顺天巡抚都御史徐嵩、巡按御史段承恩，备行易州兵备副使李文芝、居庸关分守张镐勘议去后，随据副使李文芝、分守张镐等呈，将白羊口相应查议防御事宜，逐一相度停留，各另回报到臣。据此，查得顺天巡抚都御史徐嵩近奉钦依革任，臣会同巡按御史段承恩，看议得居庸关所属白羊口先因达贼冲突，本关隄备不及。景泰年间，该广宁伯刘安奏调涿鹿中千户所官军一千余员名就筑白羊口堡，拟截虏犯。其实白羊所守在内，其外口空旷，仍前失守。成化、弘治年间，西循白羊口后，逾岭四十五里得见横岭口地方，直通怀来，山坡平漫，系贼来路。当就横岭中间筑堡城一座，草盖营房，陆续分拨隆庆卫所军人七十名在彼守把。因是地势高阜，难于得水，军各潜散村落住过。正德十一年间仍复失事。续该兵部题奉钦依，差都御史李瓒经略东西关隘，添筑墩堡，深以横岭最为要害，虏骑易乘。又相度本岭东二十五里筑长峪城，南去二十里筑镇边城，以辅横岭把截。各召募军余三百余名应军，每军查给荒地三十亩，牛犋银五两，听自耕种。题差守备指挥一员，驻劄镇边城。劄差把总指挥二员，分管白羊及长峪城。只于镇边城独设千户一员，共管长峪及横岭军士食粮，其实不便。查核比横岭口亦增幕军一百名，缘无专官，二城悬隔，依然废守。近来虏警未撤，深为可虑。幸蒙题奉钦依议处，合无将横岭口专备严守，方可保无事。今该臣等亲诣本处踏勘险隘，只宜依照长峪、镇边一般足军三百二十名，除见军一百七十名，仍选募近口住居壮丁一百五十名充役，但有逃亡，易于跟究。仍照二城关给官马二十匹，听同二城支料餧养。其衣甲弓刀，查贮隆庆卫见有军器关给。本岭西去立石儿地方有废寺基荒地一带，今守备官量比长峪把总官给种二顷养廉，其余通融量给新军耕种。其横岭、长峪合无注选曾经武举千户一员，铸给横岭所印信，并带同长峪军粮通在镇边仓支给，庶易查核。又查得白羊口守备于正德十六年五月初七日钦奉明旨驻劄镇边，兼制横岭。其白羊、长峪稍缓，只各设把总。后镇边守备规避多段，反弃要害不守，退入白羊住坐。合无仍照前制，将新选守备王尚忠还居镇边为便。且镇边、横岭，坦途相通，万一有警，策应亦速；长峪四山高耸，设守颇易；合无该居庸把总专在横岭驻劄，监管长峪操备。所有白羊堡照旧只设把总，合无改居庸把总夏爵补用。且本关既有分守，又有一卫，比紫荆、倒马关只有千户一所不同，此员把总似为赘设。又据横岭原设城堡多空，合用营房、水井、城楼、官停、旗鼓、火器，俱开后项，查照近日修边事理量于巡抚衙门堪勘备边银两支用。前项地方承平日久，山口多岐，合无筑墙叠石、铲削偏坡、添墩瞭报去处，除行分守官一面伐石烧灰、从便修理外，其用力险艰、搬运修筑人工粮具开后项，比照都御史李瓒修筑事理，量给行粮米，做工军每日一升五合，管工每日三升，俱听镇边仓支给。凡一应督工、监工，支粮、支米，合委用有司。军职俱行易州兵备道及居庸分守官提调管理，及时兴工，限日完工。事完之日，行令造册开报，以凭臣覆查奏缴。其添改千户所，分把总、指挥、还复守备，合无听兵部一面题处前来，协同料理，及添设兵马；听臣一面选募壮丁，并行关给官马，从长必此处置，方得固守停当。惟复别有定夺。

急缺把总及移守备官员疏（嘉靖二十一年二月 日）

巡按直隶监察御史臣桂荣谨题：为急缺把总及移守备官员事。

照得白羊口、长峪城把总指挥同知赵忠、镇边把总指挥佥事陈诏，近该巡按监察御史萧祥曜参劾贪懦不职，该兵部题奉钦依革任回卫去讫。为照前项二城，外通宣府、怀来城，内拱天寿山陵寝；先年两被虏患，俱由二城、横岭地方失事。近该兵部覆题奉钦依事理，要将白羊口防御事宜着臣等议处。除会议另行具奏外，缘添设把总，该会同巡抚顺天都御史查举今巡抚都御史徐锦，近奉钦依革任回籍。所有前项把总员缺已久，且地方近有警报声息，一时不可缺人隄备。随该臣会同巡按御史段承恩，看得地方要害，莫如二城之界。其横岭口山坡平漫，设守□□，使将领匪人，缓急何赖？臣等访得隆庆卫指挥使张开气志骁勇，巡捕有声，年力精强，策用必效。裕陵卫指挥使杨淳政事多谙，胆略兼济。皆可备长峪城把总者也。保定后卫佥事左灏弓马既闲，有志不苟，事体且练，可望将来。茂山卫指挥佥事高辂知守官箴，致力戎务。皆可备镇边城把总者也。量于中间择取二员前去管领人马，则边关深为便益。为照白羊口堡所守在内，不据险要；长峪、镇边二城所守在旁，不切横岭；合无查照原奉钦依，白羊口新任守备王尚忠仍旧移守镇边城，兼白羊、长峪。其长峪新选把总合无移守横岭口，兼管长峪。其镇边城新选把总合无改守白羊口，所有横岭口旧城一座，守军百余，应添人马，修盖营房，俱候会议奏请定夺。已上量为更调官员，伏乞敕下兵部，先行酌情施行，万一有忽来猝至之警，可以免缓不及事之悔矣。

边情紧急乞添设将官查处隘口以御戎虏疏（嘉靖二十一年十一月日）

巡按直隶监察御史臣郑芸谨题：为边情紧急乞添设将官查处隘口以御戎虏事。

行据总理紫荆等关保定等府地方兵备山西按察司副使郭宗皋呈，蒙臣等案验，亲诣居庸关及所辖白羊口等处，公同该关分守钱济民、守备王尚忠、把总周世官、张开、左灏及年深指挥、千、百户王臣、韩荆、张符、高登、王镒等，遍历原经巡按直隶监察桂御史查议处所，勘得各项事宜，开立前件登答，回报到臣。据此按照前事，该前巡按御史桂荣题，该兵部查议内一节，合无备行顺天都御史徐嵩、巡按御史段承恩、巡关御史桂荣，将白羊、镇边、长峪等城或应处添兵马，或应改设将领，从长会议停当，具奏定夺等因。覆题奉圣旨：是。紫荆关参将依拟添设。白羊口等处防御事便著该抚按官并巡关御史会议奏来。钦此。钦遵。已经会同顺天巡抚都御史徐嵩、巡按御史段承恩，备行易州兵备副使李文芝、居庸关分守张镐勘议去后，随据副使李文芝、分守张镐等呈，将白羊口相应查议防御事宜，逐一相度停当，各另回报到臣。据此，查的顺天巡抚都御史徐嵩近奉钦依革职，臣会同巡按御史段承恩，看议得居庸关所属白羊口先因达贼冲突，本关隘备不及。景泰年间，该广宁伯刘安奏调涿鹿中千户所军官一千余员名就筑白羊口堡，拟截虏犯。其实白羊所守在内，其外口空旷，仍前失守。成化、弘治年间，西循白羊口后，逾岭四十五里得见横岭口地方，直通怀来，山坡平漫，系贼来路。当就横岭中间筑城堡一座，草盖营房，陆续分拨隆庆卫所军人七十名在彼守把。因是地势高阜，难于得水，军各潜散村落住过。正德十一年间仍复失事。续该兵部题奉钦依，差都御史李瓒经略东西关隘、添墩设堡，深以横岭最为要害，虏承易乘。又相度本岭东二十五里筑长峪城、南区二十里筑镇边城，以辅横岭把截。各召募军余三百余名应军，每军查给荒地三十亩，牛犋银五两，听自耕种。题差守备指挥一员，驻劄镇边城。劄差把总指挥二员，分管白羊及长峪城。只于镇边城独设千户一员，共管长峪及横岭军士粮食，其实不便。查核比横岭口亦增募军一百名，缘无专守官，二城悬隔，仍然废守。近来虏警未撤，深为可虑。幸蒙题奉钦依议处，合无将横岭口专备严守，方得保无事。今该臣等仍选募近口住居壮丁一百五十名充役，担有逃亡，易于跟究。仍照二城关给官马二十匹，听同二城支料餧养。其衣甲弓刀，查贮存隆庆卫见有军器关给。本岭西去立石而地方有废寺基荒地一带，今守备官量比长峪城把总官给种二项养廉，其余通融量给新军耕种。其横岭、长峪合无注选曾经武举千户一员，铸给横岭所印信，并带同长峪城军粮通在镇边仓支给，庶易查核。又查得白羊口守备于正德十六年五月初七钦奉明旨驻劄镇边城，兼制横岭。其白羊、长峪稍缓，只各设把总。后镇边守备规避多端，反弃要害不守，退入白羊城住坐。合无仍照前制，将新选守备王尚忠还居镇边为便。且镇边、横岭，坦途相通，万一有警，策应亦速；长峪城四山高耸，设守颇易，合无改长峪城把总专在横岭驻劄，兼管长峪操备。所有白羊口堡照旧只设把总，合无改居庸把总夏爵补用。且本关既有分守，又一卫，比紫荆、倒马关只有千户一所不同，此员把总以为赘设。又据横岭原设城堡多空，合用营房、水井、城楼、官厅、旗鼓、火器，俱开后项，查照近日修边事理量于巡抚衙门堪勘备边银两支用。前项地方承平日久，山口多岐，合无筑墙垒石、铲削偏坡、添墩瞭报去后，除行分守官一面伐石烧灰、从便修理外，其用力险艰、搬运修筑人工行粮具开后项，比照都御史李瓒修筑事理，量给行粮米，做工军每日一升五合，管工官每日三升，俱听镇边仓支给。凡一应督工、监工支粮、支米，合委用有司。军职俱行易州兵备道及居庸分守官提调管理，及时兴工，限日完工。事完之日，行令造册开报，以凭臣覆查奏缴。其添改千户所，分把总、指挥、还复守备，合无听兵部一面题处前来，协同料理，及添设兵马；听臣一面选募壮丁，并行关给官马，从长必此处置，方得固守停当。惟复别有定夺。题奉圣旨：兵部知道。钦此。钦遵。该兵部查系原奉钦依会同巡抚衙门具奏，备咨该巡抚右副都御史候纶，将前项奏内事情再行酌量停当，会奏议行等因，已经会行该道勘议去后，今据议报到臣，除会同巡抚右副都御史候纶、巡按御史关邻再议，将前御史桂荣所议及今据副使郭宗皋所议，酌量缓急，损益适中，别无窒碍，臣等欲便转行该道，次第举行。查得原奉钦依便著该抚按官并巡关御史会议奏来事理，臣谨将议过事宜理合开立前件。如蒙乞敕兵部，再行查议，参酌可否，早为议复，使臣等得以速行该道，督令各关口分守、守备等关预先修理以备防守，庶不误事。

西关志居庸卷之八 艺文

过长峪城
袁凤鸣

绕遍一村柳，还登万刃山。危岩通线路，古涧听潺缓。
鸥影长空缓，蛩声白昼间。风霜动秋气，野色似无颜。

长峪城有感
御史新塘彭时济

长峪城头路，危岑倍白寻。行李穿云过，雄旗伴日行。
仰俯真渐拙，驰驱那卷勤。驻骢劳戍卒，点视苦边贫。

参考文献

[1]　（明）王士翘.西关志 [M].北京：北京古籍出版社，1990.

[2]　（明）刘效祖.四镇三关志 [M].北京：全国图书馆文献缩微复制中心，1991.

[3]　（明）崔学履.隆庆昌平州志 [M].

[4]　（清）麻兆庆.昌平外志 全 [M].台湾：成文出版社，1969.

[5]　（清）顾炎武.昌平山水记 京东考古录 [M].北京：北京出版社，1962.

[6]　（清）缪荃荪等.光绪昌平州志 [M].北京：北京古籍出版社，1989.

[7]　赵其昌.明宝录北京史料 3[M].北京：北京古籍出版社，1995.

[8]　刘珊珊.明长城居庸关防区军事聚落防御性研究 [D].天津大学，2011.

[9]　戴晓晔.长峪城农民戏班的生存状态研究 [D].中央音乐学院，2013.

[10]　赵现海.明代九边军镇体制研究 [D].东北师范大学，2005.

[11]　王岗.北京历史文化资源调研报告 [M].北京：中国经济出版社，2013.

[12]　张涛.流村镇志 [M].北京：人民出版社，2011.

[13]　邢军，长峪城 [M]，北京：中国图书出版社，2015.

[14]　陈喆，张建.长城戍边聚落保护与新农村规划建设——以昌平长峪城村庄规划为例 [J].中国名城 2009（4）.

[15]　陈田野.基于景观特征评价的乡村景观管理研究 [D].北京交通大学，2017.

[16]　赵之枫，邱腾菲，云燕.传统村落民居风貌引导与控制研究——以北京市昌平区长峪城村为例 [J].中国名城，2016(10):83-90.

[17]　赵之枫，王峥."织补理念"引导下的传统村落规划策略研究 [C]// 规划 60 年：成就与挑战——2016 中国城市规划年会论文集（15 乡村规划）.2016.

[18]　王峥.基于织补理论的传统村落保护发展规划策略研究 [D].北京工业大学，2016.

[19]　李严.明长城"九边"重镇军事防御性聚落研究 [D].天津大学，2007.

[20]　刘珊珊，张玉坤，陈晓宇.雄关如铁——明长城居庸关关隘防御体系探

析 [J]. 建筑学报，2010(S2):14–18.

[21] 城，2009(04):36–39.

[22] 故宫博物院 . 故宫学刊 2013 年 总第 10 辑 故宫博物馆 [M]. 北京 : 故宫出版社，2013.

[23] 郭红，靳润成 . 中国行政区划通史 明代卷 [M]. 上海 : 复旦大学出版社，2007.

[24] 秋树，长峪城的祯王庙 [EB/OL]. http://blog.sina.com.cn/s/blog_1400d80cd0102 w3ab.html，2016–02–16.

[25] 陈全国，长峪城村文化史 [EB/OL]. http://blog.sina.com.cn/s/blog_15cea80ac0102 wabd.html，2016–02–08.

[26] 陈全国，长峪城村村史 [EB/OL]. http://blog.sina.com.cn/s/blog_15cea80ac0102 wabc.html，2016–02–08.

[27] 陈全国，长峪城村史文化 [EB/OL]. http://blog.sina.com.cn/s/blog_15cea80ac0102 wabb.html，2016–02–08.

[28] 傅林祥，郑宝恒 . 中国行政区划通史 中华民国卷 [M]. 上海 : 复旦大学出版社，2007.

[29] 中共北京市委党史研究室 . 北平抗战简史 [M]. 北京 : 北京出版社，2015.

[30] 中共昌平县委党史办公室 . 燕平抗日烽火 : 昌平人民抗日斗争资料选辑 [M]. 1987.

[31] 政协北京市昌平区委员会 . 昌平文史资料 政协专辑 [M]. 2001.

[32] 《北京百科全书》总编辑委员会，《北京百科全书·昌平卷》编辑委员会 . 北京百科全书 昌平卷 [M]. 北京 : 奥林匹克出版社，2002.

[33] 《北京百科全书 总卷》编辑委员会 . 北京百科全书 总卷 [M]. 北京 : 奥林匹克出版社，2002.

[34] 刘建主编，中共北京市委教育工作委员会，北京教育学院 . 丰碑 1949 年以前北平基础教育系统党的活动纪实 [M]. 北京 : 北京出版社，2005.

[35] 王振华，政协北京市昌平区委员会文史资料委员会 . 昌平文史资料 第 4 辑 [M]. 北京 : 中国文史出版社，2006.

[36] 《中国人民解放军历史辞典》编委会 . 中国人民解放军历史辞典 [M]. 北京 : 军事科学出版社，1990.

[37] 中国人民政治协商会议北京市海淀区委员会文史资料委员会 . 海淀文史选编 第 9 辑 纪念抗日战争胜利五十周年专辑 [M]. 1995.

[38] 子游 . 驴行北京 [M]. 北京：新时代出版社，2015.

[39] 王洪光 . 血色财富 上 [M]. 北京：长征出版社，2012.

[40] 北京市民政局，北京市测绘设计研究院 . 北京市行政区划图志 1949—2006[M]. 北京：中国旅游出版社，2007.

[41] 安介生 . 走近中国名关 [M]. 长春：长春出版社，2007.

[42] 河北省地方志编纂委员会 . 河北省志 长城志 第 81 卷 [M]. 北京：文物出版社，2011.

[43] 赵永复 . 鹤和集 [M]. 上海：上海人民出版社，2014.

[44] 高建军 . 明陵行宫巩华城 [M]. 北京：中国文联出版社，2017.

[45] 晓阳 . 昌平文物探寻 [M]. 北京：金城出版社，2003.

[46] 段柄仁 . "十二五"国家重点图书出版规划项目 北京四合院志 [M]. 北京：北京出版社，2016.

后记

　　梳理着电脑里保存的照片，算下来我到过长峪城村已有二十余次了。与长峪城村首次结缘是在 2005 年初春，我们团队受镇政府委托给长峪城村编制村庄规划，接着我们又分别承担了长峪城村受泥石流影响险户搬迁规划、长峪城村传统村落保护发展规划等一系列工作，其间曾屡次前往长峪城村进行调研。后来我和家人朋友在不同季节又去过十余次，是因为实在喜欢这青山环绕、古朴静谧的小山村，还有那蜿蜒曲折的古长城。

　　北京这座特大都市的快速扩张使一批村庄迅速消失，历史文化名村可谓凤毛麟角，传统村落也所剩无几地零散在门头沟、延庆等深山区，位于昌平区流村镇的长峪城村曾是明代长城防御体系中的一座重要军堡，越发显现出它的魅力。长峪城在正德年间修建旧城，万历年间又在南部筑成新城，新旧两城分居南北的格局一直延续到了今天。明朝的军事历史为长峪城村遗留下了不少珍宝，城墙残垣、古屋宅院，散步在街巷庙宇中我们仍然可以寻味到它的沧桑古韵。

　　明代边关军事防御历史是长峪城村的主要文化基底，民国时期南口战役为长峪城村添上了抗日印记，而世代村民则为长峪城村积淀了丰富的民俗文化资源。村民们在特定的节日中遵循风俗习惯，举办着各种活动和仪式，三百多根灯把组成的九曲黄河迷宫灯阵成了一代人回忆中的念想，而永兴寺后院的古戏楼依然上演着流传了四百多年的社戏。这座村落所让我们迷恋的，不仅是历史留下的斑驳痕迹，更有生活在这片土地上的人们凝结的乡情。

　　长峪城村最引人入胜的是，村北尚留有两千余米的明代砖石结构长城，敌台、马面、烽火台沿线排立，其中不得不提到人们最津津乐道的高楼敌台。高楼敌台耸立在海拔高达一千四百余米的昌平区最高峰上，它既是这段长城的制高点，同时也是一处拐点，长城边墙从北侧和西侧与敌台连接，一端伸向陈家堡，一端接续大营盘。在高楼敌台上向南远眺是北京城，向北则是怀来盆地和官厅水库，是登高望远的好地方。

去高楼的路线众多，有四条是我们常走的。第一条是从长峪城村的旧城往北沿东港沟攀登，山路有溪水相伴，视野也随之开阔，群山从仰望到平视，村落从不见到浮现，从京冀界碑向西穿过一片片绿荫遮盖的树林就到了黄草坡，在这片美丽的高山草甸上能远远地看到高楼耸立在重山之巅，这是景色最美的一条路；第二条是从长峪城村东南部的老峪沟村出发，可沿山村公路开车到云中阁景区，这条路2017年曾被一场大雨冲断；第三条是从禾子涧村附近的仙人洞出发，沿新修的水泥路可到云中阁景区平台，再沿山路步行走大约1小时可达黄草坡和高楼，第二、三条路由于可开车到达最接近高楼的云中阁景区，所以最省力气；第四条路从长峪城村北的黄楼院出发步行上山，黄楼院是个废弃的自然村，目前只有几户养殖户散住，这条路初期平缓，冲顶时坡度较高略有难度，但沿途植被丰富，四季景色俱佳。

春天的长峪城沟谷里遍地是杏花，夏天则是丁香花的世界，秋季的山谷更是色彩斑斓，野菊花和各种不知名的野花遍地盛开，冬季白雪覆盖的山顶空气清新的让人忍不住大口呼吸。2018年的中秋之夜，我们经不起长峪城村的诱惑再次上山，伴随着晚霞和一轮明月，站在高楼极目远眺，巍峨的长城宛若盘龙在崇山峻岭之巅翻滚，怀来盆地尽收眼底，那醉人的美景至今深深地印在我的脑海。

近年来，传统村落的保护与发展越来越受到重视，但由于过去长期缺乏系统性的保护措施和发展引导，长峪城村保护和发展还有很多不尽如人意的地方。

例如，2013年经市文物部门批准，对长峪新城的城门和瓮城进行了抢险修缮，修缮虽然经过加固和防水处理使瓮城焕然一新，但因材料和施工工艺等原因使瓮城的历史感不存，不能不说是个遗憾。再如，村庄发展旅游产业的过程中，长峪城村农家乐的猪蹄宴知名度较高，但各家民俗接待户为了吸引游客，互相攀比广告牌子的大小，字体杂乱、颜色不协调等问题层出，破坏了村庄古朴的整体风貌。

对于传统村落的保护和发展，我们的观点如下：

第一，传统村落的保护具有特殊性。传统村落首先是村落，而且是一个"活着的"村落，由于具有特定的历史意义而被称之为"传统村落"。传统村落不是博物馆，也不是主题公园，而是当代人生活的场所，因此不断满足人民日益增长的美好生活需要，仍是传统村落保护的首要任务。

第二，传统村落应注重保护村民的集体记忆。物质环境是集体记忆中的构成要素，提供的是事件和故事背景。集体记忆的核心是历史人物、事件或者故事，以及在此过程中凝结而成的情感。集体记忆是乡愁的载体，是人们精神寄托的外在演绎，凝练了时间和空间的文明累积，保护和传承这些集体活动就是保留一种地方的认同感和归宿感。

第三，探索多方合作、村民自发参与传统村落保护利用的新路子。目前的保护规划实施工程多由政府走招标程序，时间长、花钱多不说，效果往往差强人意，在监管到位的前提下，应发挥当地工匠的主观能动性，传统建筑的修复应努力做到修旧如旧，尽量保护其完整性和原真性。

第四，传统村落的根本价值在于"传"。要保护并培养一批对村落文化有传承担当的当地村民，鼓励一批热爱乡村的、相对稳定的城市居民参与传统村落的保护与更新，维护一批代表村庄历史的、并非用于旅游的村民住宅建筑和村庄环境要素。

传统村落保护与发展迫在眉睫，刻不容缓。同时亦充满挑战，任重道远。

张建

二〇一九年